CONCEPTION AND PROCESS PERFORMANCE OF
LANDSCAPE DESIGN WITH LOCAL FEATURES

地域特色的
景观
设计
构思与过程表现

邢洪涛　著

江苏大学出版社
JIANGSU UNIVERSITY PRESS
镇江

图书在版编目(CIP)数据

地域特色的景观设计构思与过程表现 / 邢洪涛著
. — 镇江 ：江苏大学出版社，2020.12(2022.8 重印)
ISBN 978-7-5684-1450-0

Ⅰ．①地… Ⅱ．①邢… Ⅲ．①景观设计 Ⅳ．
①TU983

中国版本图书馆 CIP 数据核字(2020)第 196612 号

地域特色的景观设计构思与过程表现

Diyu Tese De Jingguan Sheji Gousi Yu Guocheng Biaoxian

著 者	/	邢洪涛
责任编辑	/	李经晶
出版发行	/	江苏大学出版社
地 址	/	江苏省镇江市京口区学府路 301 号(邮编：212013)
电 话	/	0511-84446464(传真)
网 址	/	http://press.ujs.edu.cn
排 版	/	镇江市江东印刷有限责任公司
印 刷	/	江苏凤凰数码印务有限公司
开 本	/	787 mm×1 092 mm 1/16
印 张	/	9.75
字 数	/	231 千字
版 次	/	2020 年 12 月第 1 版
印 次	/	2022 年 8 月第 2 次印刷
书 号	/	ISBN 978-7-5684-1450-0
定 价	/	72.00 元

如有印装质量问题请与本社营销部联系(电话:0511-84440882)

前 言

改革开放以来，随着人民生活及城市化水平的不断提高，我国园林景观项目建设获得了快速的发展，各种主题公园、休闲广场、休闲绿地如雨后春笋般出现在各大城镇，园林景观设计也就日益显得重要。当前我国城市化进程的加快、生态文明城市的建设、休闲旅游业的发展以及走文化强国的民族复兴之路的要求，使得人们对园林景观设计的基本理论和空间设计方法有了更高的追求，这就要求新时期的园林景观设计要体现三个基本方面：传统与现代的融合、艺术性与技术性的结合、自然与人工的兼顾，这对于实现具有地域特色的城乡景观具有一定的指导意义。

景观设计作为一门应用性和综合性很强的专业课程，强调基础的设计方法和具体的实践应用。就综合性来说，它涉及建筑、生态、艺术、经济、地域文化等多个领域的基础知识，其核心是协调人与自然的关系；就设计方法和设计实践来说，现代园林景观设计不仅要考虑地块内各景观要素的关系，还要考虑具体设计项目的主题、空间、功能、经济等方面的合理性，在强调景观设计艺术性的同时，更要注重景观的生态性、地域性、技术性、实用性等。

本书的撰写过程注重美术素养、强调设计思维、引导项目创新，主要目的：第一，是为当代设计师提供一个设计思维创意的理论基础，学习设计构思过程，寻找设计灵感和语言符号表达，运用现代景观设计思维，传承与创新具有地域特色的景观项目。第二，希望当代设计师思想能与时俱进，学习最新的设计理念，多练习手绘与构思草图，在方案推敲中发现问题和解决问题，并能用电脑软件制作效果图去帮助理解设计含义。第三，通过大量阅读前辈撰写的园林景观设计、园林建筑等方面的文献和教材，笔者吸收了不少国内外园林景观的理论知识，并结合近年来研究的地域特色的景观设计课题、校园景观设计、街头绿地景观设计、公园景观设计的案例进行分析，使读者通过本书可学到相应的景观设计构思和方法，达到理论探讨与设计案例相结合的学习目的。

本书图文并茂，通俗易懂，结合笔者外出采风考察拍摄的现场图片，由浅入深、结构清晰、安排合理；可供景观园林设计类专业的学生使用，也可为从业者及设计爱好者提供参考。本书在整理过程中得到了张珊、崔浩、陆康、张福明、张晓雨、陈泽芳、章芳、蔺雨琳、董炼苗等同学的大力协助，同时感谢广西艺术学院黄文宪教授，江苏建筑职业技术学院丁岚、王炼、王国安老师，南宁市古今园林规划设计院农丹、陶云飞，江苏水立方建筑装饰设计院牛鹏、韩媛，陕西合宜景观园林设计有限公司杨宁、李文炯等朋友的图文支持，以及南京林业大学工程规划设计院。限于作者水平，加之时间仓促，书中难免有不当和不完善之处，恳请广大读者批评指正。

邢洪涛

2020 年 10 月

目 录

Landscape
Design

绪　论

一、景观与景观设计

（一）景观

景观（landscape）是可引起良好视觉感受的某种景象，指地表上的空间和物质所构成的综合体，具备一定审美特征，多指风光、景色、景象、风景。东汉时期的许慎在《说文解字》中认为，景乃"光也"，指日光，亮；观乃"谛视也"，意思为认真观看。"景"是现实中客观存在的视觉事物，即物象；而"观"是指人们通过"观景"而得到的各种体验和感受。

景观概念是随着人们对自然的认识和发展而形成的，主要经历了从美学到地理学再到生态学的三个阶段。

景观美学是指人工与自然环境所构成的整体景象，没有明确的空间概念，主要突出的是一种综合的、直接的视觉感受。自然地理学中的景观指一定区域内由地质地貌、土壤、水体、动植物等所构成的综合体。景观生态学将景观看作由相互作用的拼块或生态系统组成的、以相似的形式重复出现的一个空间异质性区域，是具有分类含义的自然综合体[①]。

（二）景观设计

景观设计是通过科学与艺术结合的方法，探究环境场地的立体（建筑、雕塑、绿化、公共服务设施等）的空间设计，创造出人性化的活动空间，满足人们活动所需要的各项功能需求，营造出具有较高审美性和生态性的景观。景观设计一词，最早见于英国孟松氏（Laing Meason）1828年所著的《意大利景观设计论》（*The Landscape Architecture of the painters of Italy*）一书，后来美国景观设计师奥姆斯特德（Olmsted）及其追随者霍勒斯·克利夫兰（Horace Cleveland）等人于1901年在哈佛大学开设了景观设计学课程。由此，景观设计学比历史上的造园学在概念上有了较大的发展。作为新兴学科，它涉及城市规划、植物学、地理学、生态学、建筑学等诸多学科知识，同时还与地域文化、民族风情、政治、经济等密切相关，具有很强的边缘性与综合性，只有考虑多学科融合，统筹思考，才能设计出好的景观作品。

二、源于地域特色的景观设计

中国传统园林发展历史悠久，汉唐以来以兴建宫苑为主，堆山、凿湖、造林，有意识地以自然山水为蓝本对其进行初步摹仿。经过两千多年的发展与变迁，中国园林数量不断增多，园林的营造技术逐步成熟，明清时代是我国古代园林兴盛的最后时期，此时的造园理论与技法已全面成熟。著名的园林设计师有计成、张南垣、戈裕良、李渔等，其中明朝计成所作《园冶》，是中国古代造园史上唯一一部造园专著，值得今天继续学习与借鉴。

---

① 周玉明.《景观设计》.苏州：苏州大学出版社，2010年，第2页。

到了近代，中国遭受外强入侵，很多皇家园林被破坏，园林发展出现中断现象。至现代，特别是 20 世纪七八十年代改革开放以后，经济建设快速发展，但园林景观设计遇到仿制、雷同性等问题，如中国住宅区景观规划设计只是简单地搭配植物和硬质铺装，基本都是依照传统园林风格规划设计，修建了不少假山、水池及亭廊等，使得本来就狭小的空间显得更加局促，很难适应当代人居住与休闲活动的需求。

进入 21 世纪的今天，在全球一体化发展趋势下，我国很多城市具有地域特色的景观元素在城镇景观中渐渐消失，甚至受到西方文化的影响，城市公园、居住区出现了大量欧式、美式景观建筑，建筑的变相"殖民化"直接影响了我们子孙后代的审美观念和文化传承。这就要求我们不能完全照搬和一味地"拿来"。我们在学习西方景观的生态与艺术品质时，营造本土景观往往只注重表面形式上的模仿，而忽视了本土文化特征的挖掘；那么，究竟如何营造当代景观设计呢？

本书试图探讨一种源于地域特色的景观设计理念，该理念需要把源于中国的地域性景观元素符号通过创新组合与中国传统造园手法相融合、把现代科学技术和园林材料相融合，使本民族固有的特色和文化通过创新、继承、发展，达到景观艺术的最高境界。它是中国人在可持续发展的道路背景下，坚持民族文化自信的反映。中华民族的伟大复兴不仅是政治、经济上的崛起，更重要的是重塑中华文化的辉煌。

总之，地域特色的景观设计要符合我国国情，不断学习中国传统造园经验，弘扬本民族的地域文化，首先，要通过简洁的现代设计语言表达符合当代人审美情趣的现代主义景观空间。其次，要注重新材料和新工艺的运用。第三，要强调保护生态环境，走可持续发展道路，只有这样才能更好地承担起社会赋予本学科的使命。

Landscape
Design

第一章

景观方案设计构思与过程

第一节　方案创意思维

一、创意设计

"创"——开创、创造、原创、新颖、初始、创新、创作等，"意"——新意、意境、意思、意识、意象、思维、构思等。所谓创意设计即别出心裁，指设计师内心设计与原创构思作品。人类从古代制作工具和器皿开始，就对所使用的物品不断进行创新，以制作出新颖的造型，方便人类生产生活使用，满足人类审美需求。古人在大量的器皿、古墓、窑洞上留下了丰富的图案图形，这些民族性的图形语言是人类智慧的结晶，是经过多年的信仰、观察、归纳、总结并进行创新而得来的。汉代王充《论衡·超奇》："孔子得史记以作《春秋》，及其立义创意，褒贬赏诛，不复因史记者，眇思自出於胸中也。"创意是向传统发出挑战，是不破不立的创造性思维，是思维碰撞、智慧对接，是具有新颖性和创造性的想法，是打破常规的思路解决问题的方法。创意是设计的灵魂，其通过逻辑思维向形象思维转变，使具象的事物抽象与概括，然后再使抽象化的理念转变成具象的图文。创意充满了个性、特色，设计师在这个追求个性与特色的时代，要敢于突破常规与传统，从新的角度去分析问题与认识设计，才能找到新的亮点。

对于创意设计思维而言，创造具有新意的设计是其本质，园林景观设计不只是结果，更是一个创作过程，是一种特殊的思维动态过程，作为设计师要能理解和认识设计这一复杂的社会活动。

二、设计思维

设计思维属于设计者创作性的思维活动，它需要设计者具有丰富的想象、联想、遐想和灵活发散的思维方式，把所有的条件、布局、结构、系统化、可能性等，转换成为景观形象设计出来。

景观设计方案是一种形象思维的过程，以形象思维为其突出特征的方案构思需要丰富的想象力与创作力，并将想象出来的造型画出来以抓住设计思路；创作所呈现的思维方式是开放的、多样的和发散的，是不拘一格的；设计师在设计构思阶段运用的其实就是形象思维，这个阶段往往最容易诞生"灵感"，这种"灵感"是综合各种要素、素材等感悟萌发出来的设计思路，这就需要设计师经常看资料、多收集设计素材、多练习书法、多听音律、多看经典文学名著、多去实地考察优秀景观案例、多写生、多画草图、多了解不同国家或地区的风土人情及信仰，实际景观设计中多做模型来达到刺激思维、促进想象和联想的目的。设计师平时要养成收集整理自己脑海中瞬间想法、创意草图、经典名句、采风联想图、书籍剪纸和有意义的图形等的习惯，并将它们装订成册，这些都可能成为创作的基础素材；学会探索和开发收集到的素材，进行再次创意，在眼

的观察、手的操作和大脑的想象之间不断进行反馈，灵活运用图形语言表达设计意图
（图1-1）。

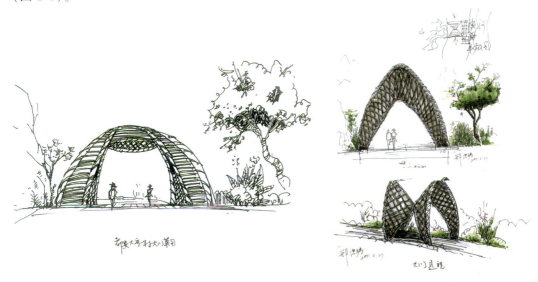

图1-1　河池市都安瑶族自治县大寨村大门设计构思草图(体现大寨村藤编手工艺品特色)

　　形象思维的特点也决定了具体方案构思的切入点必然是多种多样的，可以从形式或
从功能入手，由点到面，形成一个方案的雏形。

　　（1）从形式入手。如地形地貌、景观朝向，以及基地周边道路交通等均可作为景观
设计的切入点；重点研究空间与造型，确定一个完美的造型之后，再反过来完善功能，
对景观造型进行微调整。此方法适应于造型简单、功能简单、规模不大的景观，对设计
师美学功底和设计经验要求较高，初学者可以进行尝试与探索，待设计功底提高后可考
虑此法（图1-2）。

图1-2　徐州市盛世佳园居住小区中心绿地设计构思

　　（2）从功能入手。在满足景观使用功能的基础上，即平面空间动态设计的基础上，
不断深化平面与立体的关系，优先考虑景观平面规划设计，处理景观整体外部空间形
象，这样可能会在一定程度上制约景观形象的创造性发挥，但经过设计师的反复推敲、
深入思考，整体与细部的设计慢慢地处理得当，会达到景观设计的目的，当然更圆满、
更合理、更富有新意地满足功能需求一直是园林设计师梦寐以求的。

　　另外，还要有设计思维训练。景观设计构思需要设计师不断培养观察、分析、归纳、联想、创造、聚敛思维和发散思维的能力，以增强其艺术设计的个性与创造性[①]。在景观设计过程中，要有针对性地进行创造性思维训练和创造方法学习，这有利于解决在景观设计中遇到的问题，特别是要进行想象、联想、发散思维、类比、正反思维等设计思维方法的训练。在景观设计中，隐喻和类比能提供有价值的观念，形成创造性设计立意和意向；巧妙新颖的构思，能够赋予景观符号新的意义与内涵，从而创作出富有诗情画意的景观空间。园林建筑设计要考虑建筑的可造性，由概念落实到空间组织，园林景观设计师绘制平面的同时对建筑整体风格、体量已有充分的估计，那么在深化设计的过程中不仅要思考其功能、结构、流线、空间等内容，还要研究地域文脉、环境、行为心理、建筑技术及经济等方面（图1-3）。

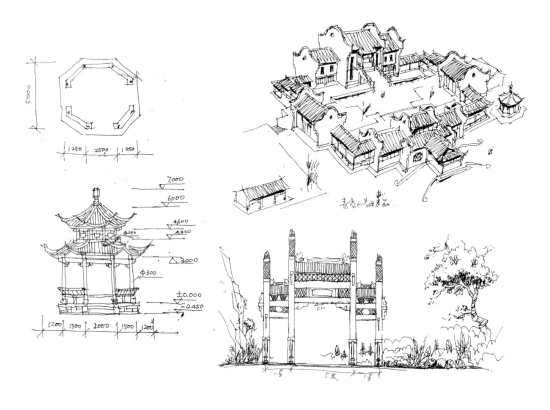

图1-3　景观建筑设计手绘稿

三、设计构思

　　设计构思是创作活动中至关重要的部分，也是最难、最主要的工作，在景观设计中，创造性构思贯穿于整个景观设计工程，设计的每一个环节都要考虑此环节与其他环节之间的联系，要做到环环相扣，注重从整体到局部、从宏观到微观的每一步的节

---

① 黄艺.《景观设计概念构思与过程表达》.北京：机械工业出版社，2013年，第56页。

奏变化。

　　法国著名艺术家罗丹曾说过："世界上从来都不缺乏美，缺乏的是对于美的发现。"当代景观设计师其实就是为地面绘制美丽的蓝图，在生活中善于发现和挖掘可以利用的"美"的设计符号素材。设计构思创作作为比较活跃的思维活动，景观设计师在面对给定的设计主题时，要有快速的概括能力，能够获取最有用的信息，抓住事物的重点和核心，以及捕捉景观造型、符号、色彩、图形设计的能力，能够使用概括性的视觉语言表达艺术设计形象，同时还要有处理艺术审美和设计灵感的能力。如广东顺德"美的集团"总部大楼广场景观设计采用乡村自然田野的土地肌理和龟裂纹为设计符号元素（图1-4），形成水景与道路、栈桥、草地、小广场等结合的空间造型，勾勒出"桑基鱼塘"的网状肌理景观，这是源于对区域文化、生活及当地自然环境的尊重；北京奥林匹克公园至北京奥运会博物馆的水系造型设计源自中国龙形，整个水系的形状犹如蟠龙，森林湖泊为"龙头"，并以"龙尾"环绕着国家体育馆，衬托其标志性地位，其中在公园南侧设计的水系寓意东海，中央设置一岛，寓意蓬莱仙岛，将中国传统文化通过创新组合与中国传统造园手法相融合，营造出优美的休闲运动场地（图1-5）；江苏建筑职业技术学院的"生长"雕塑设计方案，利用树枝与斗拱符号融合，艺术造型生动、具有美感。值得注意的是，设计符号的表达应具备相应的文化背景才能产生共鸣和认同。

图1-4　"美的集团"总部大楼广场景观设计　　　　　　图1-5　北京奥林匹克公园水系

　　当然，在设计思考的过程中，设计者本身也会具有发散思维，所谓发散思维就是联想，它是对当前事物进行分析、判断、归纳的思维过程，即对现有的事物、设计作品或是构思出来的初步想法进行拓展联想和创造。

第二节 方案设计构思表达

创造性是以大量的实践训练和积累为前提的。创造是方案设计的灵魂，即综合运用各种方法，结合景观环境，从立意构思表达出发提出设计方案。创作能力是设计师通过长期训练实现的，设计师需要不断培养观察、徒手表现、图形符号绘制等能力。园林景观建筑创作离不开图形表现，其设计构思表达过程也是设计师思考方案的过程，是设计灵感和方案概念设计的初步阶段，通过徒手表达景观的图形语言和符号语言，经过不断推敲，深化设计景观的功能、空间、材料及未来造型效果。电脑制作园林效果图或模型可以更加直观、准确，它是用自己的艺术语言去创造一个理想的场景空间，是园林景观施工之前的概念性作品，表现了未来实景的效果。

一、景观建筑设计构思

设计师先考虑建筑所处的地域环境、占地面积、功能等要素，用草图勾勒整体建筑群的空间布局、建筑风格等，最后通过计算机制作的效果图将设计思维清晰表达出来，从而将设计思想和设计概念转化为切实可行的设计作品。图1-8~图1-10分别是黄文宪、邢洪涛、陶云飞设计的江南特色的花鸟市场设计方案、地域民族特色的文化长廊设计方案和广西艺术学院相思湖校区校园大门设计方案，这些方案首先选择高视点，以建筑轮廓线勾勒出设计者的设计、构思，并运用透视原理表现建筑造型；其次根据建筑所处环境特点、建筑设计特点，选择最佳角度和构图方式，突出主题和画面重点，着重表现材料质感、光影变化、环境氛围等。

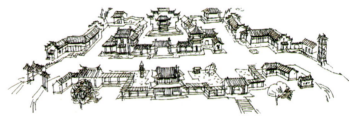

图1-8 江南特色的花鸟市场设计方案

图1-9 地域民族特色的文化长廊设计方案

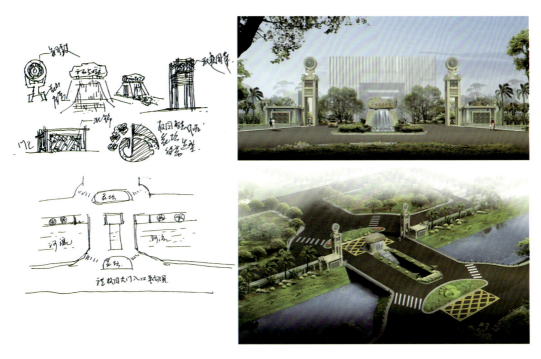

图1-10 广西艺术学院相思湖校区校园大门设计方案

二、景观规划设计表达

在现代景观设计中，设计师首先要清楚设计服务的对象、内容、周边环境等并加以界定，进而确定项目设计的理念、形态、颜色、质感、构造、工艺等。现代景观采取新的构造形式，运用造型艺术规律、形态构成规律和空间构成中的元素，合理地表达景观的造型语言，将造型艺术与功能有机结合，设计出结构合理、造型美观、功能完善的景观，如图 1-11、图 1-12 所示。

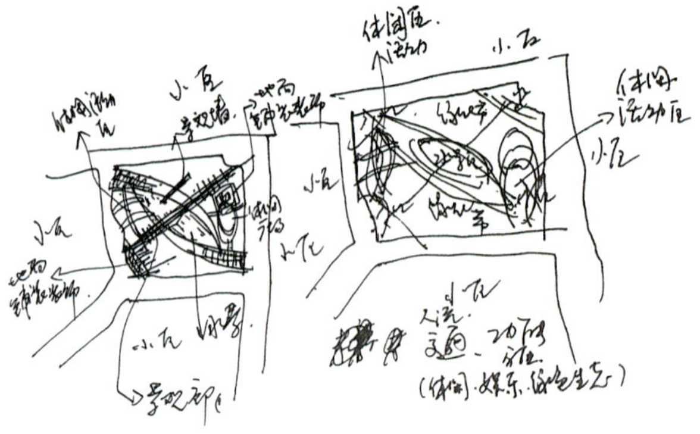

图1-11 某居住区中心绿地景观设计构思草图

图1-12 某居住区中心绿地景观设计

三、现代景观建筑模型制作

利用模型表达建筑景观场景，能够更加形象地表现建筑景观空间，并将空间形态（形状、位置、布局、大小等）制作得更具体、更细致，以此来表达设计构思，展示建筑与环境、地段的关联，有助于各方对设计意图的理解，方便后期对设计方案的推敲和深化。如我国某学校学生利用本系建筑休闲空间设计的建筑模型（图1-13~图1-16），并根据图纸和模型进行施工。

图1-13 概念性街头绿地景观规划设计

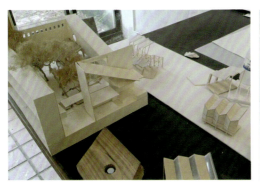

图1-14　休闲空间的建筑模型

图1-15　屋顶结构模型

图1-16　学生制作休闲空间的场景

第三节　方案设计过程

一、设计任务书

设计任务书一般是由建设单位或业主依据使用计划和意图提出的。一个完整的设计任务书应该表达四类信息：（1）项目类型与名称（住宅、公园、校园、街道、风景区、滨水等）、建设规模与标准、使用内容及其面积分配等；（2）用地概况描述及城市规划要求等；（3）投资规模、建设标准及设计进度等；（4）建设单位（业主）的主观意图描述及其他要求。

在任务书阶段，设计人员应充分了解设计项目的基本概况，包括建设规模、投资规模、项目总体框架方向和基本实施内容等，以及甲方关于设计深度和时间期限等内容。这些内容是整个设计的根本依据，从中进一步确定值得深入细致地调查和分析的内容，以及只需要一般了解的内容。这个阶段的工作以文字描述为主。

二、素材收集

(一) 现场素材

设计第一手资料就是基地现状，要了解与设计项目相关的先决条件和直接关系的资料，主要包括以下几个部分：

第一是甲方设计项目内容、设计标准及总投资的意见，要求甲方提供基地范围内的总平面地形图。此类图纸应明确显示设计范围（规划红线、坐标数字），基地范围内的地形、坡度、标高及现状物体（现有建筑物、山体、水系、植物、构筑物、道路，水井及水系的进出口位置、电源等）的位置等。现状物体中，要求保留利用、改造和拆迁等处要分别注明。

第二是基地周边关系，主要有周围环境的特点，未来发展情况，有无名胜古迹、古树名木，自然资源及人文资源状况等，还有相关的周围城市景观，包括建筑风格、样式、高度、位置等，以及与周围市政的交通联系，车流、人流集散方向，这对确定场地出入口有决定性的作用。

第三是现状植物分布图，主要标明现有植物、植被的基本状况，在需要保留树木的位置注明品种、生长状况、观赏价值等；了解和掌握地区内原有的生态环境、植物种类、群落组成、植物特征等。

第四是基地附近环境，基地与周边街道的关系，关注附近建筑物、电缆、地下管网、水井、消防、遮蔽物、给排水等的位置。

第五是了解基地的地质、地形、气象、水文等方面的资料。了解地下水位，年、月降水量，年最高、最低温度及其分布时间，年最高、最低湿度及其分布时间，年季风风向、风力、风速，以及冰冻线深度等。

(二) 收集资料

收集资料是一项细致的工作，不能怕烦琐，要有耐心才能尽可能全面地收集到资料，如公园建筑景观，首先要收集的并不是具体、现成的建筑景观方案，而是一些建筑规范性的资料，如公园建设面积大小和建筑面积所占比例、需要建设哪些建筑满足公园需求等相关要求，以及这个地区的公园建筑需要建设成什么风格，考虑该地域的文化、建筑风格、园林风格等。只有摸清这些基本要求，才能做出行之有效的方案。当然，收集其他公园建筑景观设计的资料，分析研究其他公园建筑建设的特点，分析其处理缘由和手法，有哪些可以借鉴等，也能得到许多启示。不同类型的景观实例也应当收集，也许能启发构思。收集实例资料数量不是越多越好，而要把重点突出、重要的、效果好的实例整理出来，制作素材表，以利于后期设计的时候吸收经验，感悟道理，得到启发。最后，应亲自到本地区的其他公园考察，以游客的身份去体验、感受功能是否合理，对建筑、植物、水景布局所带来休闲的效果做出评价。

三、设计立意

这个阶段是在基地现场调研、资料收集、素材资料整理、设计要求基础之后进行的，是设计者根据主题确立、位置选择、功能需要、艺术要求、空间处理、环境条件、造型设计等产生的设计活动，是经过综合考虑所产生出来的总的设计意图。在这个过程中，设计师要熟练掌握环境心理学、景观设计基础、国家最新设计规范等。

立意既关系到设计目的，又是在设计过程中采用各种构图手法的根据。设计任何东西，都要做到"胸有成竹"，"意在笔先、以意为先、以形达意"，不管是园林建筑，还是室外环境设计，空间组织没有立意，构图犹如空洞的堆砌，所以好的设计需要有好的立意，抓住事物的本质，不仅要解决建筑、景观空间的功能问题，还要具有较高的艺术思想境界。

设计讲究别出心裁，就是要有创新、创意，立意新颖，注重新材料、新结构、新工艺、新观念的使用，寻找空间设计的新元素，避免设计出现千篇一律的现象，艺术的创新能增强景观的感染力。如北京大观园，由于原型园林特有的历史文化地位与价值，决定了最为正确、可行的设计立意是，应该无条件地保持文化历史园林原有形象的完整性与独立性，而竭力避免新建、扩建部分的喧宾夺主。

四、设计草图

设计师在设计构思方案图的时候，草图能在很短的时间内把设计师的所想所思表达出来，草图包括园林景观的平面图、立面图、剖面图及效果图等，其特点是方便、快捷，花费时间短，后期与业主沟通方便，可以边谈边调整，直到把初步方案定下来，与业主达成一致。草图设计是设计师把理性分析与感性的审美意识转化为具体的设计内容的过程，是把个人对设计的理解用图纸的方式表现出来的过程。如业主有特别要求，还可能要提供电脑效果图或手绘速写来表现。

草案设计是布局组合通向总体设计的一个综合设计过程，是将所有设计元素抽象地加以落实、半完成的思考过程。经过立意和概念构思阶段的酝酿，此时所有的设计元素均已被推敲策划过。草案设计根据先前各种图解及布局组合研究所建立的框架，将所有的元素正确地表现在它们应该被设置的位置上，并通过草案设计这一思考过程再进行综合磨合。方案草图主要推敲的内容包含：（1）功能区域划分和各分区的规模及景观特色。确定景观的出入口的位置，特别是主次出入口位置及周边停车场的位置。（2）道路系统在大面积景观规划设计中的交通流线布置。分出主、次要道路和应急管理通道，道路附近的建筑布局应根据功能和景观要求等，确定各类景观建筑的位置、高度和空间关系，设计合理的建筑平面和出入口位置。

五、方案设计

方案设计包括以下内容：（1）区位分析；（2）现状分析；（3）总平面设计；（4）功能分区图；（5）景观分析；（6）交通分析；（7）竖向设计；（8）水景分析；（9）植物分析；（10）建筑布置图；（11）管线布置；（12）效果图表现（整体鸟瞰图和局部效果图）；（13）其他意向图。

六、施工图设计

设计施工图目前主要是通过电脑绘制，作为项目施工及预算报批审核最重要的环节，要认真对待。一般高校在教学的时候这部分内容是弱项，要加大力度进行练习钻研，没有准确明了的表达方法、精致的细节大样，任何好的构思和方案都难以实现，只能是空中楼阁、纸上谈兵。下面通过一些设计施工图例给大家一定的参考：

（1）施工设计说明和材料说明；

（2）施工设计总平面图；

（3）施工总平面索引图；

（4）施工放线总图；

（5）地形竖向设计施工图（包含土方和给排水）；

（6）植物设计施工图；

（7）建筑平、立、剖设计施工图；

（8）园路、广场、山石、水景、树池等景观局部大样图；

（9）地下管线及照明设计施工图。

以上只是对图纸分类及其设计方法提供一个基本概念，方案深度可根据读者的接受程度和具体案例做相应调整。景观设计是一门综合性较强的学科，需要多专业的整合、渗透、融会。我们现在造园不仅要关注建筑和景观，而且要将建筑、景物与其他自然现象或人为事件联系在一起，通过整合化的设计思维，在建筑物的不同要素、建筑与景观环境之间建立起关联，分析建筑与环境的关系，找到建筑与景观的和谐点，这对整个设计过程的把握和解决主要矛盾起到了积极作用。鉴于它们之间存在复杂的关系，因此其教学过程必然随着社会的认知和需求更加系统和规范，这是我们可以期待并为之努力的。

Landscape
Design

第二章

地域特色景观设计
理论与案例

第一节　地域特色的城市公园建筑设计发展研究

随着我国城市化进程的加快和人民生活水平的不断提高，推动了我国城市公园建筑项目的建设与发展，人们对公园景观建筑设计有了更高的追求，这就要求公园景观建筑设计要体现地域特色和民族特色，以特色取胜显得尤为重要。城市公园作为一个为市民提供公共活动区域的园林，就需要修建一些供人们休憩、娱乐等的景观建筑。在满足功能性和观赏性的同时，城市公园景观建筑设计要符合地域性特征和审美特征等，使人们进入园内能找到归属感和亲切感，唤起市民的家园意识。

一、地域特色与城市公园建筑相关概念

（一）地域

张彤在《整体地区建筑》的研究中对建筑的地域性做出如下定义：地域是指一定的地域空间，反映的是自然条件与社会文化的特定关联而表现出来的共同特性。决定地域性特点的，就是自然地理和社会文化这两个方面。张锦秋院士在中国建筑学会 2001 年学术年会上对地域性有这样的描述："'地域'是一个广义的名词，并没有大小范围的具体界定。一个地域可能是一个国家一个民族，多个国家一个民族，或是一个国家多个民族，甚至一个国家、民族包含着多个地区。"一方面，文化是一个开放的系统，地域文化具有可融合性。城市公园设计提倡地域性原则，并不意味着城市地域文化的封闭性。另一方面，地域性脱离不了时代发展的背景，地域文化总是被打上地域时代的烙印，地域性和时代性是不可分割的。所以创作具有生命力的景观建筑，就要积极调动具有文化内涵的元素来获取新的创作力，借鉴传统建筑、民族文化等，创作出新的民族地域性建筑景观。

（二）特色

特色就是个性，是一种事物区别于其他事物的风格特征，建设有地域文脉的城市公园，它才会更具有魅力和个性。吴良镛教授认为："特色是生活的反映，特色有地域的分界，特色是历史的构成，特色是文化的积淀，特色是民族的凝结，特色是一定时间地点条件下典型事物的最集中最典型的表现。因此它能引起人们不同的感受，心灵上的共鸣，感情上的陶醉。"所以城市环境特色创造的必然性源流之一就是地域文化。

特色的最终目标是以人为本，城市公园景观建筑是为城市的市民或来到此地的游客服务的，而不是为少数人专享的。一方面，城市公园建筑要体现地域特色，如在一个少数民族聚集的城市，其城市公园中建筑却没有体现地域特色，就不能满足人们的审美要求。另一方面，如果没有提供合理的观赏点和交通组织，即使把传统建筑完全复制到城市公园中，这种特色只能说是纸上谈兵，难以达到公园景观建筑的审美价值需求。所以在尊重地域文脉和自然条件的基础上，有特色地求新、求异才能更好地发展城市公园建

筑的品质和灵魂。

(三) 城市公园建筑

城市公园建筑一般是位于城市公园范围之内经专门规划建设的景观建筑，虽占地面积小（一般占公园面积的 2% 左右），却是公园的重要组成部分，集使用功能与观赏性于一体，是空间的一个聚焦点。在使用性能上，它主要是为居住在城市里面的市民观赏、休息、娱乐等活动提供必要的空间，并起到 "观景" "点景" 及 "组织游览路线" 连接各景点的作用。在观赏性能上，建筑作为空间中的造景要素，与山石、植物、水景等要素一起构成了公园建筑景观。

因为城市公园的建筑是伴随着城市公园的建设和人们日常活动的需要而产生的，使市民在游览的同时可以得到休憩和赏景，所以在营建的过程中，潜移默化地把中国造园理念和方法运用到现代公园之中，可使现代公园更具有中国地域文化特色。

二、我国城市公园建筑的发展现状

汪菊渊撰写的《中国古代园林史》中记载："唐代长安城东南隅，建有曲江池和芙蓉园（内苑），同时也修建了一些亭楼殿阁隐现于花木之间，如'紫云楼''彩霞亭'等位数众多的建筑物，曾是皇家专用的御苑，其外苑又是在一定季节或是节日里，达官贵人、文人墨客和百姓可以游乐的胜地。"可以看出，这一时期国家繁荣昌盛，帝王园林向百姓开放而成为最早的公共园林。秦、汉以前虽建有宫苑，但是都没有向百姓开放的记载。不管怎样，在封建社会里，园林主要是为封建统治阶级服务的，新中国成立前也是这样。

据记载，鸦片战争前后，帝国主义强国纷纷入侵中国，并设立租界区，约 1868 年，上海黄浦滩公共租界悬挂起"外滩公园"的牌子，将欧洲的"公园"引进上海，风格主要是英国风景式，以植物为主，极少有建筑，在布局、功能和风格上都反映了西化特征，对我国公园的发展具有一定的影响。1906 年，在无锡由地方乡绅修建的"锡金公花园"可以说是我国最早城市公园的雏形，其仿照外国公园而建，有土山、树林、草地和亭子一座，后又陆续增添了廊、亭、塔、轩、榭、阁等建筑。以上几个公园既体现了中国传统造园风格，也接受了西方造园的某些手段。直到新中国成立前，我国的公园仍处于面积小、数量少、园容差、发展缓慢、设施不完善，公园的景观建筑基本是停滞模仿的阶段。

从 20 世纪 50 年代到 70 年代，我国学习苏联的城市建设经验，各式各样的公共园林有了很大的发展，几乎所有的城市都有了公园，如动物园、儿童公园、植物园等。20 世纪 60 年代公园增加了大量的绿地面积，到处绿树成荫，环境卫生也有所改善，以园林城市闻名于全国的广东新会就是一个典型的例子。杭州把原来西湖周边遗留下的近四千公顷山地全部绿化，修建亭、廊等建筑，新开辟了许多游览区。广西桂林市根据喀斯特地貌的山水景观结合城市建设作了规划调整，使其成为一个具有地域特色的风景旅游城市。

改革开放以后，我国的城市公园有了较大的发展，公园主要是以植物造景为主，以休闲游憩为目的，植物的搭配主要是为了满足观赏的需求。但公园在规划设计布局上也有不合理的地方，比如中心绿地少，公园建筑的密度、人口密度设计不合理，难以满足广大市民的需求。随着我国旅游业的快速发展，城市公园不断增加，为了吸引更多国内外游客，各方对城市公园景观建筑提出了新的要求，特别是在因地制宜、营造具有民族地域风格和继承我国传统造园手法上作了新的探索和尝试。如广西桂林七星岩洞口休息亭、廊建筑与地形环境巧妙地结合，因山就势，建筑轮廓丰富，建筑整体外形吸收了广西少数民族建筑吊脚楼的样式，加以提炼，并作了创新，底部收缩，上部层层外挑扩大，柱子成垂帘柱样式，具有明显的民族地域特色。肇庆七星岩星湖公园亭的建筑设计，在创新的同时吸取了岭南文化的特点，形成了自己的地域特色，为中国新园林的建设增添了新的一页。福建漳浦西湖公园民俗馆，从闽南民居中吸取设计元素（图2-1），结合惠安女所戴斗笠形态特征作为建筑屋面设计的源泉，整个建筑最具特色的是采用厚重的屋面造型，既有传统屋面的精髓，又有现代建筑手法的简洁与肌理。马头墙提示并孕育着传统，自然曲面的坡顶又表达了对现代的向往。云南昆明西华园标本陈列室及接待室的建筑形式以云南白族民居建筑为设计蓝本，采用"三坊一照壁""四合五天井"

图2-1 福建漳浦西湖公园民俗馆设计

的平面布局，在正南方设置了传统民居风格的照壁，入口开在西侧，形成门楼，它在云南传统民居的基础上作了创新，地域特色浓郁。由此可见，我国城市公园建设的质量在不断提高，与人们生活、活动息息相关的建筑也越发显得重要，正因为如此，在以后的公园规划设计与建设中，要以地域民族文化和自然环境为前提，以便更好地为我国的园林事业作出贡献。

三、城市公园建筑设计的展望

随着我国社会的发展，一些问题也不断出现，如生态环境恶化、传统文化消失、城市面貌趋同，因此各地的景观建筑应结合时代要求与各地的历史文化进行创新，发展有民族地域特色的建筑文化，城市公园景观建筑更具有使命感。对传统文化的发扬与传承不能简单地模仿，更重要的是借助地域特色的传统建筑与文化，与当代建筑技术，与时代审美趣味相结合进行创新发展，才能适应时代发展的新趋势。地域特色的城市公园景观建筑设计发展的趋势有以下几个方面：

（一）传统与现代的建筑材料相结合

为了创作和展示有地域特色的景观建筑，当前对传统建筑形式的屋顶、山墙、斗拱、梁、柱、枋、瓦等部位，有用现代的材料和设计语言来进行创新的。如 20 世纪 80 年代冯纪忠先生主持设计的上海松江方塔园，其中何陋轩是具有时代性的景观建筑（图 2-2），屋顶运用当地传统的民居做法，屋脊呈弯月形，中间凹下，两端翘起，屋面铺设茅草等，下部支撑结构完全是用竹子制成，竹构的节点是用绑扎的方法制作的，并把交接点漆成黑色，以"消弱清晰度"，既表达了对历史环境的充分尊重，又使得建筑结构更具传统美与现代美。该建筑从外形看，运用了乡土的材料，内部构造却是非常现代。

图2-2　何陋轩

2011 年西安世界园艺博览会的长安塔（图 2-3），是园中具有地标性和历史感的现代景观建筑，其设计灵感来源于唐代建筑，但利用了钢、玻璃等现代材料修建，这样不仅能形成稳定性、耐久性、安全性的建筑结构，便于维护，而且能体现现代风格与传统意境的融合。

图2-3　长安塔

总之，创作地域特色景观建筑的处理方法虽有不同，但都是用现代的材料和设计语言来隐喻传统文化，满足人们的使用功能。

（二）强化景观建筑精神和文化意义

地域文化的丧失及园林景观建筑形式的雷同，使地域景观出现缺少完整性和稳定性的问题。我们提倡在设计中尊重地域文化，借助传统的形式与内容去寻找建筑新的含义或新的视觉形象，使景观建筑的演进能保持地域文化的特征和连续性，体现公园建筑的文化气息和风格，特别是建筑之间的风格应当呼应地域性建筑，色彩应丰富、柔和、富有变化，具有较强的时代感和文化气息，以充分体现建筑的艺术性，突出建筑物的景观特征。相反，忽略时代、环境特征，一味的复古并不利于探索具有民族精神的新园林建筑。如钟华楠在《亭的继承》建筑文化论集探索了"亭"的传承，主张亭子采用现代设计手法，使用新技术、新材料，亭子四面临空，在柱子与屋顶构成上加以变化，不拘泥于亭子的样子，在比例和形式上依据传统亭设计，既达到表现传统亭的神韵的设计目的，同时又显露出时代气息。

（三）注重建筑的生态性理念及前瞻

城市公园建筑的生态性是城市及自然景观系统的重要组成部分，是当代景观设计讨论的主题，特别是在设计现代城市公园景观建筑的时候，不应仅把视线放在建筑本身，或单纯提倡使用高技术，而应该把景观建筑生存环境的承载力和生态性放在设计理念之中，充分考虑地域环境，尽量少破坏基地的地形、地貌，以及乡土树木和花草。首先是注重绿色建筑的概念，借助建筑的檐、柱、墙、栏、杆等种植一些藤本植物，使建筑隐藏于绿色的环境中，达到绿化、防护、美化的效果。其次是雨水收集，即在景观建筑的散水旁，设计下沉式水槽，用于收集雨水，作为养护用水和景观用水的水源，通过逐级的生态过滤和净化后，最终汇入山下景观湖的水体当中。再次是在屋顶上设计太阳能装置，通过它吸收太阳能转为电能，解决园内景观建筑夜间照明等问题，它不是依附于建筑表皮，而是切实融入到建筑构成之中，促进了建筑的合理性，与当前提倡的低碳生活主题相吻合，这样，才能在更大的范围内实现人类整体环境的可持续发展。最后是效法自然有机体（自然有机体多指生物特别是植物），对有机生命组织的高效低耗特性及组织结构进行合理性探索，创新生态建筑技术，提取有机体的生命特征规律，创造性地用于城市公园建筑创作，使生态建筑符合与建筑仿生学相结合的趋势，通过对建筑细部的设计，提高建筑资源的利用性，保护生态环境。

城市公园景观建筑设计应以尊重环境、历史、生态意识为前提，选择符合时代要求，具有发展潜质的景观建筑设计手法、理念，将城市公园景观建筑与环境相结合，运用现代材料、技术等发扬地域特色传统文化，走地域特色的城市公园建筑设计之路。

四、结束语

对地域公园建筑的研究分析结合实际案例的应用体现了，通过创新组合可使具有地域性特征的建筑在城市园林中得到发展和传播，使城市公园建筑本土化和民族化，把现代城市公园景观建筑设计成具有地域特色和自然之美的建筑。在建筑设计中运用先进的设计理念，利用具有地域特色的地理环境、人文环境，结合悠久的历史、文化等丰富的本土资源，因地制宜进行设计，对于解决我国资源紧缺、地域性建筑风格流失等问题具有现实意义。

第二节　地域性城市公园大门建筑设计研究

近几十年来，我国城市快速发展，也推动了我国城市公园建筑项目的建设，各种主题公园建筑如雨后春笋般涌现在各大城市之中，因而城市公园大门建筑设计也日益显得重要。我国大多数的城市公园建筑没有立足地域文化和地域建筑形态，但随着我国旅游业的蓬勃发展，人们对公园景观建筑设计的基本理论和空间设计方法有了更高的追求。一个公园的风格特色与这个公园的建筑风格是相呼应的，城市公园建筑设计要符合地域性特征、审美特征等，使游客进入园内即感觉到归属感和亲切感，唤起市民的家园意识。这就要求公园大门建筑设计要体现地域特色和民族特色，以特色取胜尤为重要。

笔者考察了我国南北方部分城市公园大门建筑设计现状，对城市公园大门建筑设计进行了理论研究，得出现代城市公园大门的建筑设计思路和方法，并且对比较成功的案例进行了分析，最终形成了完整的理论体系。

一、公园大门现状分析

考察南北方部分城市公园入口建筑的内容，包括公园基本情况、入口个数及分布、入口处的城市交通、周边环境、空间布局、大门建筑、售票室、广场、附属设施等，通过文字、拍照和绘图等方式加以记录。在考察过程中发现，有的城市公园大门建筑以自然环境及地域传统为背景，但是有些地方公园的建筑设计在地域特色上体现不够，特别是在经济社会快速发展的今天，"呆板的、毫无生气的、火柴盒般的水泥森林"涌现出来，成为受人推崇的"地标"。"千城一面，万屋一貌"现象日趋严重，有的公园不考虑地域环境、民族文化、审美、材料技术等因素，甚至有的公园大门建筑引入欧式罗马柱式进行装饰，别国建筑成风，忽视了地域性特点。公园大门建筑设计的目的是为了追求历史沧桑感，突显城市的历史文化符号，还是为了商业开发等功利意图，值得我们思考。

二、大门建筑造型设计

城市公园大门建筑坐落在公园人流与入口广场轴线的交汇点上，起着分割内外空间、交通疏散的作用，同时大门建筑的造型对公园的面貌、环境有着关键影响。所以城市公园大门建筑的设计要与城市环境相协调，与时代气息相吻合，要反映时代精神、民族特色，展示科技与艺术的完美结合，符合现代人的审美情趣、心理特征，以及环境、社会的美感评价等。

（一）强调环境和谐

公园入口建筑除了满足功能性、艺术性、观赏性外，还要注重与园内及城市环境系统的关系，不能忽视大门建筑功能与园林自然环境条件的和谐，满足市民在动中观景和对园林内外空间组织利用的要求，合理利用地形、绿化、山水、地域气候等，从总体空间布局到建筑细部处理细细推敲。如南宁市的安吉花卉公园大门建筑设计（图2-4）因地制宜地选择规则式平面布局，公园大门建筑采用牌坊式，建筑风格采用岭南园林建筑形式，建筑立面雕刻有盛开的岭南红花羊蹄甲花朵，与周边植物相映衬，达到建筑与环境的完美融合。另外在入口建筑外广场利用开敞性布局及平地设计方便人们行走或车行到达，在入口内部则采用的是半封闭性的布局进行隔景处理，以增添游人的兴致。建筑通过巧妙配置山石、植物等，使之在自然景物衬托下更显风致，点出园内景观特色的同时也创造出朴素自然、个性鲜明、标志性强的大门入口建筑。

图2-4　南宁市的安吉花卉公园大门

（二）体现地域文化

城市公园大门建筑应因地制宜创作具有时代特点和地域语言的建筑环境，把地域文化特征作为设计依据，设计形式也应结合当地文化元素，创造具有自然特性和文化艺术性的建筑形态。在建筑造型风格上，主张地域特色建筑与中国传统园林建筑相融合，延续本民族传统建筑的特点，吸收运用独具特色的地方建筑式样，结合现代结构构造，使公园大门建筑区别于同类建筑形式，符合本土文化内涵的要求，使地域文化得以传承发扬。如南宁市青秀山大门建筑在屋顶设计上以具有地域特色的侗族、苗族鼓楼为蓝本（图2-5），延续广西民族传统建筑的特点，吸收运用独具特色的干栏式建筑式样，创造"横看成岭侧成峰，远近高低各不同"的景观意境及鲜明饱满的民族意趣。建筑屋顶是白色屋脊、蓝色瓦，蓝白相间，使建筑处于清新、生动、明快的色彩基调中，给人以愉悦的感觉，更突出了大门的形象，符合现代城市公园的基调。

图2-5　南宁市青秀山大门

（三）突出公园主题

公园往往通过对大门的艺术处理体现出整个公园的特性和建筑艺术的基本格调，所以公园大门设计既要考虑它在建筑群中的主题性，又要与全园建筑风格一致，主题的确立有利于形成园区特色的标志、性格。构思设计时要切合公园的性质与内容，赋予造型个性，标志宜明显，易于游人瞩目。如西安大唐芙蓉园主要是以展示大唐盛世风貌的皇家园林文化为主题的公园，

图2-6 江苏邳州人民公园入口建筑设计

大唐芙蓉园西门也称御苑门，这是园区的正门，两层主门楼与左右紧接的三重阙相得益彰。北入口为次入口，建筑具有大唐时期风格，采用内凹半封闭式的空间造型，亭廊相连增加了景园的气势和对游人的引导性。又如，江苏邳州人民公园是以体现楚汉文化为主题的公园，其入口以浮雕相迎，奚仲、邹忌等古代名人雕像矗立其中，大门主体为牌坊式造型（图2-6），运用现代大理石柱与横向宽大峨冠造型相结合，烘托出峨冠博带的汉风气质。

（四）注重植物配合

建筑的立意、环境气氛的营造，很大程度上依赖于建筑周围植物的配置，在公园大门建筑周边进行植物配置造景设计时，要考虑植物的习性和环境气候的要求等因素，使它们符合地域特征，创造宜人的观赏环境；还要分析建筑物的空间层次，建筑与植物的比例、距离关系，以免植物根系破坏建筑基础或是影响在建筑中观景。如南宁安吉花卉公园大门植物主要以南亚热带风光为特色，选择了适合当地生长条件的植物，形成较为独特的地域风光，主要选用了黄槐、南洋杉、铁木、马尾松、美人蕉、红枝蒲桃、竹茎椰子、大花紫薇、大琴丝竹、鸡蛋花、棕竹、红背桂、山茶、三角梅、散尾葵、无忧花、龟背竹、沿阶草等。以上植物考虑了季相变化，在观姿、赏色等效果上着眼，为建筑增添了风韵，使建筑起翘屋檐的轮廓线融入于绿色环境之中，以植物柔软、弯曲的线条打破建筑呆板的线条，用绿色来调和建筑物的色彩气氛，营造出具有丰富节奏感和韵律感的地域特色景观环境。

三、公园大门建筑设计的创新设计方法分析

（一）形与意结合

城市公园大门建筑是公园风格的外在表现，与公园、地域建筑风格相呼应，是城市公园最直接的表现物。具有地域特色的城市公园景观建筑表达，主要是通过形与意的巧妙结合达到的，应先了解反映城市地域特点、地域环境、地域民族文化、地域特色的传统建筑造型特征，把这些符号进行简化，加以抽象、提炼，通过消化吸收和发展这些特色的传统建筑，使新设计的建筑形式吻合大众对本地域建筑特色的印象，与现代城市公

园环境融为一体，达到以形达意，以意为先，意在笔先的目的。如厦门市的杏林日东公园大门建筑设计（图2-7），其外观美观大方、简洁明快，大胆地采用了铝合金板作为屋面材料，并把原来呈下凹曲线的传统屋面形式改为微微上凸的拱形屋面，上部再加上一个三角形的格架；屋顶采用架空与缓坡屋面相结合的形式，下部为立柱与石块围合的门卫，很好地表达了传统建筑的形与意，既现代，又不失传统风韵。建筑形意结合不仅仅是体现地域建筑的外在形式和地域文化再现，还是通过地域文化影响下的公园景观建筑来展现未来发展趋势，使我们的公园景观建筑在设计中更具丰富的想象空间。

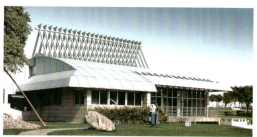

图2-7　厦门市的杏林日东公园大门

（二）破与立并行

随着社会的发展，现代城市公园的景观建筑不能完全仿古，而应具有独特的格调，不能生搬硬套。如不因地制宜，巧妙构思，就容易千篇一律，必须破立并行，才能创新出优秀的作品，这里所述的"破"是指批判，破除条条框框束缚，打破原来的面貌；"立"是指创新与继承，意在从传统中汲取营养，是对优秀设计思想、设计理念和建筑文化精神的继承，不是简单的模仿和沿袭，甚至回到传统建筑历史形态。作为代表一方水土一个时代的公园景观建筑，必须有地域传统的根，这是确认及识别一个城市文化底蕴的重要依据。如20世纪由冯纪忠先生主持设计的上海松江方塔园大门建筑（图2-8），其运用接近传统的营造方法、材料等，结合新的结构、构造技术，糅合了传统美与现代美，屋顶采用的是与遗存建筑相协调的小青瓦面覆顶，屋架则采用具有时代特征的钢结构，既表达了对历史环境的尊重，又融合了全新的结构体系。所以我们要摆脱只要设计公园建筑就完全照搬传统民居、古建的想法，在建筑设计中

图2-8　上海松江方塔园大门建筑

要有破立并行的理念，去创新组合，以适应建筑环境的需要，简单的照搬与营造就淡化了对传统建筑文化深层的发掘与传承。景观建筑不是流水线商品，而应适应地方特色、环境特色及建筑工艺特色，才能创作出耐人寻味、意境深远、个性多元化的作品。

四、小结

发扬地域特色传统文化，走地域特色的城市公园建筑设计之路是传承与发展的趋势。城市公园大门建筑设计要以尊重环境、历史、生态意识、地域文化为前提，从传统建筑中汲取设计元素，选择那些符合时代要求，具有发展潜质的景观建筑设计手法和理念，将城市公园景观建筑与环境相结合，运用现代材料、技术等，营造一个富有地域特色的、充满生机的城市公园入口景观，使居民和游客能从中找到自豪感、归属感、亲切感，提升城市环境品质，创作出一个自然和谐、市民喜爱的优美场所。

第三节　地域特色的乡村休闲文化区研究

休闲文化是衡量社会文明与进步的重要尺度。随着城镇化进程和新农村建设的加快，乡村与城市中休闲度假、旅游的空间越来越小，休闲文化区作为公共活动空间已成为城镇越来越需要的重要组成部分。在休闲文化区日益趋同的背景下，如何体现地域文化特色，设计营造出具有浓郁特色地域文化的休闲区便成为重要议题。地域特色休闲文化区的营造要考虑资源的独特性、地域的相邻性、文化的传承性、产品的完整性、市场的针对性；乡村休闲文化区的规划设计要对区域农耕文化、乡土文化、饮食文化、民俗文化、村落文化等资源进行深入挖掘和研究，实现区域资源经济价值与社会价值的双赢，丰富和拓展乡村休闲区的功能和文化内涵。本章以贾汪茱萸养生谷设计为例，对地域特色的乡村休闲文化区设计进行研究和探索。

一、徐州贾汪茱萸养生谷开发休闲文化区现状分析

（一）项目区位

贾汪区位于江苏省徐州市区东北 38 公里的苏鲁交界处，属徐州市边缘区位。东部与邳州燕子埠镇、宿羊山镇相邻，东南部、南部、西部及西北部与铜山区接壤；北部、东北部与山东省枣庄市微山县及台儿庄毗邻。贾汪茱萸养生谷现代农业园位于贾汪区城市东部，北侧为山水大道，西侧为茱萸路，通过山水大道与贾汪城区相连，可快速地通往高铁徐州东站、高速公路及徐州市区。优越的交通条件对于贾汪，更对于项目的建设发展提供了有力保障，可吸引更多游客到茱萸养生谷现代农业园体验农业种植采摘、休闲观光旅游、购买生态农产品等，使其成为徐州市后花园的重要组成部分。

（二）现状分析

茱萸养生谷具有"山、水、林、田"的资源环境特点，自然环境优越。地形条件以坡地为主，高低起伏，分布有农田、水塘、山地、树林等，现状种植以山茱萸、桃、琵琶、石榴、山楂、杏等为主。规划区内部道路系统基本成形，路面以石子为主，路况较差。规划区北起山水大道，西起茱萸路，东至山体，南至现状道路，用地面积约47公顷。项目地块高程约80米至140米，西部高程较低，地势平坦；东北部地势较高，多以丘陵为主。基地东部自然坡度相对较小，比较适宜开发建设；东北部自然坡度相对较大，可充分利用自然地形优势。

二、徐州贾汪茱萸养生谷地域环境分析

（一）自然环境

贾汪区属暖温带半湿润季风气候，具有淮河流域的特点，冬冷夏热，四季分明，年平均气温14.2℃，无霜期280天，全区多年平均降雨量802.4毫米。地质地貌方面：贾汪区南部系黄泛冲积平原，地势平坦，北部为丘陵山区，有主要山峰55座，其中大洞山主峰海拔361米，为徐州市境内第一高峰，项目基地地形地貌属于丘陵山区，地形起伏，属于大洞山山脉范畴。土壤植被方面：土壤以黄色土壤为主；植被以木本植物为主，代表植被类型以山茱萸及各种果木资源为主，良好的植被生态系统使这里成为理想的农业观光旅游胜地。水文资源方面：规划区内有水塘一处，以及雨季雨水冲刷形成的山涧，规划对其实施补水工程，还有山泉一处，它们可作为基地的主要景观资源。山体农田方面：山体拥有丰富的林木资源和各种果木资源，具有良好的生态环境优势。规划区内岩石形态优美，岩石缝隙间野草丛生，岩石与野草相互衬托，同时在山坡之中分布各种形态的奇石，形态各异。农田可种植经济作物，也可种植有机粮食，可发挥农田的生产及观光功能。

（二）人文环境

贾汪区地域文化特色很明显，概括起来有"四色"，即"古色""绿色""黑色"、"红色"。"古色"是以白集汉墓为代表的汉代墓葬文化，贾汪群山遍布汉墓，规模较大的占据一山，普通墓室集群分布，同时也包括了药师文化、道家文化。"黑色"即以徐州百年煤城之母韩桥煤矿为代表的煤炭文化。"绿色"即以万亩桃园、万亩石榴园为代表的农林观光文化，贾汪区已经成功举办了四届桃花节赏游活动。"红色"即以运河支队之乡、佩剑将军为代表的红色文化。这些为贾汪区发展旅游休闲群提供了有利条件。

三、乡村生态景观区规划设计构思

为了使规划区域散发活力，需要组织和建设一个自然生态系统，包括水文工程系统、动植物群落系统、人行活动体系等，使之能够承载真实而丰富的生态系统，创建独特的现代农业及农业旅游的发展框架，营造田、林、山、水的景观特色，运用中国古典园林的造园手法，将人造景观与自然景观有机结合，形成园区特色鲜明的景观系统。

(一) 景观空间设计乡土性

规划区通过对现状环境的处理，形成了曲径通幽的原生态景观，为游客提供一个休闲游玩的好去处。概括提炼乡土的大地景观，以乡土植物为主，强化景观特征，通过人工营造的精细景观与大地景观相对比，给人以强烈的视觉冲击，构成富有节奏感的、动态的景观序列。在公共设施和人流比较集中处设置小型的景观广场，可以形成宜人的理想空间。

(二) 绿化系统设计生态性

绿化系统规划以不影响园内生态农业生产和园内功能需求为出发点来考虑，绿化系统的空间定位应与功能部分的建设相呼应，以道路绿化及岸线绿化为主，通过点线面规划设计绿地系统，形成集景观、环境、休闲等功能于一体的绿色框架，并结合植物造景、游人活动等要求进行合理规划。

植物配置上符合生态原则，营造四季有花、四季各有季相特色的生态景观，争取做到不同时节都有观赏亮点，使人们时刻都感到园区"可览""可游""可赏"。植物木土化，在树种选择上以本土植物为主，最大限度发挥土地空间的承载能力和空间的延展性，使植物生长到最佳状态。依据植物的色、味进行配置，同时合理配置落叶与常绿植物，远景和近景协调配置，给人们的感官以最佳的享受。充分利用水生植物和亲水植物，保护驳岸，净化水源，形成丰富的水景效果。园内建筑周围平地及山坡绿化均采用多年生花卉和草坪；主要干道和建筑等场所周围绿化则以观花观叶树为主。

(三) 生态农业园设计生活性

生态农业园立足生态农业产品开发，以创造优美的自然环境、生产优质绿色的农产品为宗旨，走农业观光、农村休闲度假之路。该项目的建设，始终遵循"绿色效益"的规划发展理念，从绿色建设、水土保持、景观营造等方面进行生态建设，不仅在园区内部形成良好的生态环境，并且对于改善周边环境、调节小气候、提高土壤涵水量、改善微循环起到重要作用。项目内容主要有茱萸园、百果园、林下家禽养殖等，还可设置与农业生产、农民生活比较接近的项目，增加活动的多样性。如田园风光：以老石板铺设田间游路，设置游人步行休息区，零落的田林、野草与山石错落有致，体现着园区的自然之美。水果采摘：果园通过绿色种植，实行无公害生产，提高果品质量，形成参与性和趣味性较强的观花摘果活动。生态养殖：以观赏性兼药食两用型珍禽为主要养殖品种，结合主题餐饮及风味食品加工打造珍禽食品产业链。

四、乡村休闲文化区规划设计方法与实践

人们久居闹市区，往往向往自然田园的朴素与乡土气息。乡村休闲文化，重在以环境为依托，以乡土景观为特色，因此乡村休闲文化区的一切都需要尊重乡土的文化性，保持地地道道的乡土味，体现人与自然的和谐共融，去除奢华的装饰与雕琢，保持乡土文化的淳朴与简略，以实现对乡村田园氛围的营造，同时强调对自然因素的尊重，达到天人合一的效果。

（一）规划设计与理念

对于地域性乡村文化区设计，我们要做到没有被商业化、没有被城市化、没有被过多装饰雕琢，才能使人们来到此处即感受到浓郁的乡土气息和民族文化，寻找到归属感。首先，以"魅力山水——茱萸新天地"为设计理念，以田园风光和山水景观为依托，结合温泉养生、休闲度假、餐饮、健康运动等旅游需求功能，把贾汪茱萸养生谷建设成集自然、健康、生态为一体的综合型生态农业休闲文化区，为游客提供具有当地特色的旅游服务。其次，保留原有的自然景观和乡村风味，充分体现人与自然的和谐共处，兼顾景观生态与娱乐性。通过合理布局，丰富农作物景观群落，增加观光采摘的多样性和趣味性，使游人在观光自然之余，引发对周围村庄的田园风光和农家生活的派生游赏。再次，在建筑设计上主要以反映时代特色的民族乡土石头、木构建筑为主，延续传统文化特色，维护山里村庄建筑风貌，以及农田景观的自然、质朴、久远和幽深的形象。原汁原味的特色民俗与原有遗存的乡土建筑相交融，使传统民居与现代生活高层次的享受接轨，游人可领略乡村田园的朴实，体会传统文化的感染力，实现乡土文化的传承，形成对游览者的永久吸引力。

（二）空间分割与布局

如何将不同活动群体、不同活动内容融合到一起，是我们要解决的问题。由于茱萸养生谷地处山区，乡村文化区的设计需要考虑地形、地貌、坡度、水文、植被等若干因素，为了满足生态性和可持续发展的需要，就需要合理利用地形地貌，因地制宜地规划设计。

茱萸养生谷现代农业园是传统农业园与现代旅游业相结合的产物，是具有休闲、娱乐、度假和养生功能的现代农业旅游区。规划区采用生态园模式进行空间布局，将农业生产、自然观光、休闲娱乐、保健养生、度假、环境保护等融为一体，实现生态效益、经济效益与社会效益的统一。规划尽量减少对该地区现有环境特色的破坏，坚持自然、健康、生态的理念，结合茱萸养生谷现代农业园良好的生态环境和丰富的人文内涵，根据实际场地情况组织各个功能区的布局，同时借鉴中国古典园林的造园手法，达到"曲径通幽"的幽深意境，实现"步移景异"的景观效果。茱萸养生谷规划结构主要体现为"一环、四区、六园"三个方面。

（1）"一环"是指现代农业园林旅游观光环线，形成集道路景观、绿化景观、林木景观、田园景观、滨水景观、建筑景观于一体的景观带，将整个规划区有机联系在一起。

（2）"四区"是指热带雨林休闲观光区（热带雨林植物园以钢结构玻璃温室为主题，内部种植各种热带植物，形成特有的热带植物景观）、度假区（休闲度假区位于规划区的中心位置，核心建筑为山林苑，建筑高度控制在三层，为丰富休闲娱乐活动，在酒店内设置温泉养生会馆等，是集旅游度假等服务于一体的建筑群落）、娱乐区（主要包括滑雪场、拓展培训、汽车电影院、垂钓）、温泉养生区（以养生为主题，区内设置各种不同规格的私家庭院及度假小木屋、石头建筑，继承并延续传统建筑空间格局和传统风貌，遵照当地村民住宿习惯，建筑外观与色调与现有的环境统一。庭院围墙保持石砌风格，部分也采用荆条、花椒树、枣树等构成篱笆墙，园内设计有地窖和纺车等，再现农家生活生产场景）。整体布局依山就势，与自然山水和田园风光浑然一体，具有独特的景观效果。

（3）"六园"是指六个植物园。园区主要有农业生产区、各种茱萸类养生绿色产品、有机蔬菜及有机果品，形成蔬林草地的景观效果。提供林间漫步的游憩区，以及休闲的私密空间。在设计中除了规划提供导游、信息等有偿服务外，还安排有乡土文化展示，如地方歌舞和民间工艺表现（刺绣、剪纸、缝纫、木工、陶艺等）、物品展示、传统工艺技术传授等，激发人们的学习欲和购买欲，延长游览时间。

五、结束语

乡村休闲文化的传承是乡村旅游的有机生命，如何在设计中表现乡土文化，不掺杂城市化，不导致庸俗化，追求乡村休闲文化区的内涵是规划设计的重点。在设计中强调与自然环境相结合的理念，本书以贾汪茱萸养生谷设计为例，用原生态设计理念，从基地状况、地域环境、设计理念、设计方法与实践等方面进行规划尝试，寻找最乡土的元素装扮乡村休闲文化区。开发休闲文化资源，关键不在于旅游，而在于文化的挖掘，把乡土气息发扬光大，带动地域周边文化区的发展，使前来的旅游者真正达到以养生、观光、运动、休闲等方式享受的主要目标，最终达到弘扬乡村休闲文化的目的。

Landscape
Design

第三章

城市街头绿地
景观设计与案例

第一节 城市街头绿地景观设计概述与原则

城市绿地是城市景观的一部分，为城市提供了美丽的休闲空间环境。城市绿地要具备舒适性、安全性和观赏性，还要发挥城市绿地的功能作用，即日常游息娱乐活动、文化宣传和科普教育、美化城市环境、丰富城市轮廓线、改善小气候、修复城市生态等。

一、城市街头绿地景观设计概述

城市街头绿地景观设计的特点是人工因素与自然因素有机结合的连续展现，设计者需根据绿地所处的场地现状与周边环境条件等因素，因地制宜，创造出能够满足市民不同需求的绿色功能空间。城市的街头绿地，强调活动的自由、自发和纯粹性，具有散步交流、短距离步行锻炼，以及在绿意盎然的空间中回味亲朋小聚的那份亲情与友谊的特性。城市街头绿地作为集休闲与游乐为一体的综合性场所（包含文化、生态、社会、经济等），需要满足市民体育锻炼、社交娱乐等需求，只有生态性、艺术性、人性化的设计才能将这一切变为现实。

二、城市街头绿地的活动空间特征

城市居民选择街头绿地进行休闲活动，一般以可达性原则为主，主要目的就是为了缓解生活压力，希望能暂时从工作中解脱出来，处于一种完全放松的状态。在营建城市休闲绿地空间时，一要满足景观功能，二要突出主题，并具有地形、山石、水、植物、建筑、雕塑小品、服务设施、铺地等景观要素，营造出静态与动态空间、开敞与闭合空间、垂直与纵深空间等。

三、城市绿地景观设计的原则

（一）综合考虑、合理安排

城市街头绿地景观在设计与营造中，要与道路规划、居住区规划、建筑分布等密切配合。首先，充分考虑居住小区、游园和道路交通三者的关系；其次，考虑绿化空间对街景变化、城市轮廓线的作用；第三，在满足植物生长条件的基础上，利用低洼、荒地、破碎等地形布置绿化。合理地规划布局可使园林绿地景观空间层次更加丰富多彩，不仅增加城市绿网，还为附近居民创造就近休息和活动的场所。

（二）节能环保、生态优先

城市街头绿地景观以生态优先为基本思路，绿地的建筑和设施尽量以当地自然材料为主。设计上选用本土木材、石材或自然可再生资源，如道路铺装采用透水混凝土进行雨水收集，提供给绿地灌溉和卫生间冲水，园景灯光设计使用太阳能光电板，有利于促进健康生活和提高环保意识。

（三）因地制宜、传承创新

城市街头绿地景观设计必须结合城市特点，注重绿地面积、绿地场地平面布置、经济技术指标、绿地周边环境等，对于具有历史文化价值、乡土元素和民间艺术的景物，要学会利用和挖掘，以便在绿地景观设计中传承与发展。同时利用现代技术、材料及营造技术，创造具有地域特色与时代特色的空间环境。另外，对于乡土植物资源，也应该积极开发、合理利用，种植适合当地自然条件的植物，避免因所谓的档次不高而抛弃不用，造成植物资源的浪费。

（四）以人为本、体现关怀

设计建造城市街头绿地景观是为市民服务的，用来满足人们对城市绿地景观的空间环境需求。其所有的设计要以人的需求为出发点和终极目标，处处为方便市民考虑，使城市更多地体现人性的特点，更富于人性的关怀。城市绿地的景观小品设计，如垃圾箱、景观灯、座椅、雕塑等，应根据项目实际情况，结合人体工程学合理设计。具体到城市绿地景观设计，其目的是创造优美的环境，营造宜人的城市休闲空间。城市绿地空间的服务对象是空间的使用者——人，设计师应研究城市空间中人的环境使用模式及环境变化对这一模式的影响，了解多数人的行为和心理，以及他们对空间的反应与评价，强调人在城市中的主人翁地位，设计出满足人们各自需要的空间，如休闲交流空间、无障碍通道、露天座椅配置在树荫下等，使处于该环境中的人处处感受到设计的温馨和人性关怀。

（五）遵从自然、环境合一

城市街头绿地景观为游人提供了丰富多变的室外活动空间，人们可以在此环境中充分感受大自然的气息，与自然亲密接触，这种感知传递着天地情韵，设计者在景观规划的形态、材料、色彩、体量、构造方面均应与自然协调一致，强调城市的自然景观特征，尊重场地的自然环境和本土的历史文化，使自然环境与人文环境有机结合。"天人合一"的哲学思想是我国古代环境观念中的精华，这种思想要反映在城市街头绿地景观规划设计之中，即营造城市街头绿地景观要与周边环境自然和谐地融为一体，其自然特征起到"软化"城市的硬质景观的作用，提升城市环境景观，达到"虽由人作，宛自天开"的目的。

第二节　徐州泉山美墅街头绿地景观设计方案

一、场地现状及分析

场地位于徐州市三环南路泉山美墅小区北，绿地面积2445平方米左右，绿地周围为两条城市道路交汇，绿地周边为居住住宅楼和临街商业建筑。该场地属于城市开放型公共绿地，视野开阔，人流量较大。通过场地现场调研得出，基地适合结合徐州生态文明城市建设和基地周围环境进行设计构思，营造一个自然生态与人文生态完美结合的休闲空间，成为市民的视觉审美基地及具有一定教育意义的场所(图3-1)。

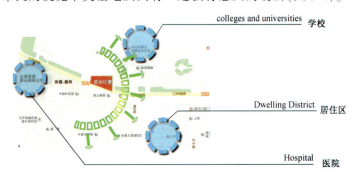

图3-1 区位分析(基地位置)

二、设计理念与构思

总体设计上追求回归自然、悠然共享的理念，使自然生态、人文生态和体现区域文化性格所蕴藏的精神和灵魂通过空间布局在现代景观中得以体现，把体现区域特色、海绵城市、城市修补、生态修复概念的景观要素融入到绿地空间之中。设计上追求总体上的轻松、休闲，不过于强调形式感和视觉兴奋感，既注重传统造园手法的丰富性，又体现现代设计的整体感；力求步移景异，不同空间有不同的意味，有种似江南园林庭院之感，把形似与神似完美结合，营造没有围墙的庭院景观，植物配置乡土化、季节化、自然化，最终达到生态化（图3-2、图3-3）。

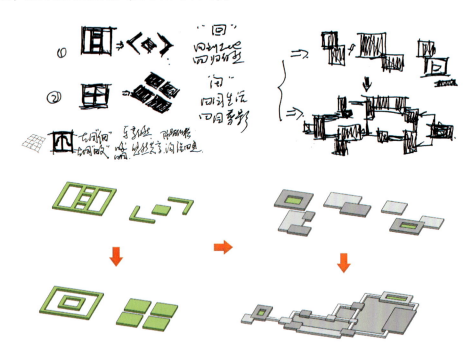

方案设计理念:回到土地 回归自然 田园生活 田园剪影 足下文化与自然之美

图3-2 方案推演过程

1. 树阵广场
2. 地形草坪
3. 健身活动平台
4. 雨水净化水池
5. 生态广场
6. 望月亭
7. 亲水平台
8. 文化景墙
9. 花境景观
10. 江南春早

图3-3 总平面图规划设计

城市街头绿地空间设计中，为求在繁忙工作之后的休闲时能在此放松，看得见山，望得见水，记得住乡愁，规划设计了高低起伏的地形、蜿蜒曲折的水池、具有地域特色的粉墙黑瓦的山墙，把田园之韵、乡土之情、家乡之美融入于此，弘扬文化传承，延续创新，回归自然，体现了人文主义关怀和现代都市理念。

三、整体规划设计

根据场地现状及上述设计理念，将景观结构规划为"一轴、一心、四区"。一轴，本方案主要采用东西方向的景观主轴线，有机地贯穿整个绿地空间，串起绿地各个景观节点（主要节点自东向西为文化广场、生态广场、雨水净化池、望月亭、南北入口及活动平台、文化景墙、花境景观），景观节点沿轴线排开，相互联系，相互呼应，形成独特的对景形式。把平面当中的景观节点通过立体表达，更容易分析景观空间布置。一心，以水景为中心，与周边多个小广场空间、亲水平台、景观建筑连接，形成有归属感的集散空间及有亲和力的文化景观生态中心。四区（文化游览区、儿童活动区、文化娱乐区、绿化种植区），文化游览区是游人的主要活动区域，包括休闲的望月亭、文化景墙、雨水净化池、亲水平台等。每个景观区域的规划设计均以景观生态学的理论进行指导，采取轴线控制法与均衡构图方式进行空间分隔布局（图 3-4~图 3-11）。

通过以上整体规划设计就可以建设一个满足市民休闲、娱乐、集会等需求，并且具有文化品位，环境舒适，功能合理及空间尺度宜人的城市街头绿地景观。

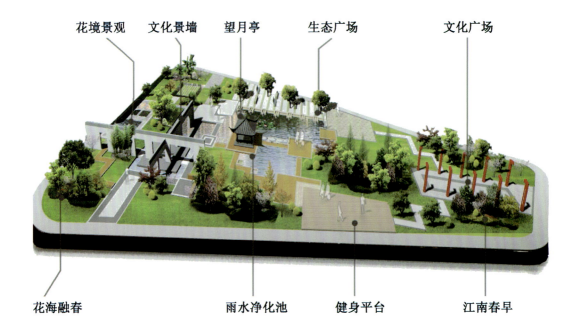

图3-4　景观节点平面布置图

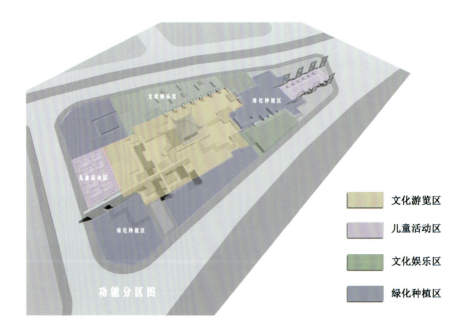

图3-5　功能区域分析

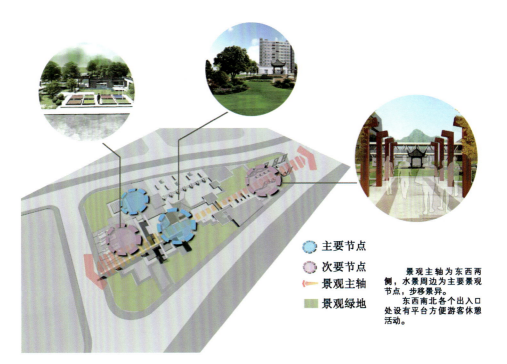

主要节点
次要节点
景观主轴
景观绿地

景观主轴为东西两侧，水景周边为主要景观节点，步移景异。东西南北各个出入口处设有平台方便游客休憩活动。

图3-6　景观节点分析

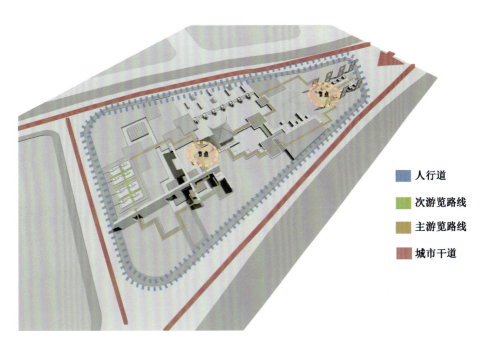

人行道
次游览路线
主游览路线
城市干道

图3-7　道路交通流线分析

图3-8　1-1剖面图

图3-9　2-2剖面图

图3-10　总体规划设计鸟瞰图1

图3-11　总体规划设计鸟瞰图2

（一）景观建筑及小品

景观建筑小品通过自身形象反映一定地域的审美情趣和文化内涵①，依据周围的文化背景和地域特征呈现出独特的建筑风格，为整个环境的塑造起到烘托和陪衬的作用，使得园林景观变得有血有肉，意境更为深远。

在现代景观中，景观墙主要起到分隔空间，丰富景致层次及控制、引导游览路线的作用，又可将小空间串通迂回，呈现小中见大、层次深邃的意境。方案当中的景观墙为白色粉刷墙体，顶部为石材压顶，两组墙体呈高低错落交叉布局，建筑风格现代简约、和谐统一，体现了江南地区"粉墙"意境和回归生活的自然情怀。由于墙体所在的位置为西入口和水景之间，为避免产生空间压抑感和造成游人视觉疲劳，在墙体立面设计了五个通透的门洞，形成的框景与绿化结合，营造出破墙透绿的效果（图 3-12~图 3-14）。

图3-12　文化广场局部效果图　　　　　　　图3-13　景墙局部效果图

① 马辉.《景观建筑设计理念与应用》.北京：中国水利水电出版社，2010年，第136页。

图3-14 景墙局部效果图

望月亭位于文化游览区中心，两面临水而建，形成生动的倒影，亭影波光闪动，变幻莫测，丰富了水的层次感，以水体之色貌与建筑实体形态产生虚实、刚柔的对比。特别是亭的楹联写道："荷塘月色听蝉鸣，柳岸桃花品芳香"，充满了诗情画意，创造了高于自然的理想美，使人在细腻的官能感受和情感色彩追求之中，达到"无我之境"（图3-15~图 3-17）。

图3-15 望月亭亭子局部效果图1

图3-16　望月亭亭子局部效果图2

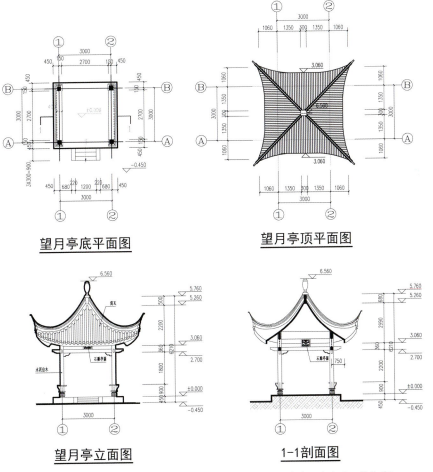

望月亭底平面图　　　　　望月亭顶平面图

望月亭立面图　　　　　　1-1剖面图

图3-17　望月亭平、立、顶、剖面图(设计与制作团队：邢洪涛　张晓雨　董炼苗)

（二）铺装设计

由于城市下垫面过硬，到处都是水泥，改变了原有自然生态的本底和水文特征，因此，要加强自然的渗透，把渗透放在第一位，其好处在于，可以避免地表径流，减少雨水从水泥地面、路面汇集到管网里，同时涵养地下水，补充地下水，还能通过土壤净化水质，改善城市微气候（图3-18、图3-19）。传统的城市开发中，无论是市政公共区域景观铺装设计还是居住区景观铺装设计，多数采用的都是透水性差的材料，所以导致雨水渗透性差。

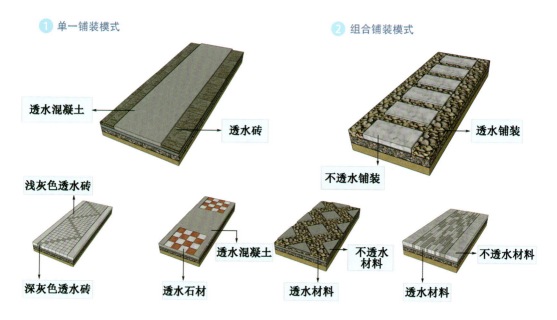

图3-18　透水铺装材料组合模式运用分析

图3-19　海绵城市理念运用分析(透水铺装)

(三) 水景设计

本方案水景设计特色是采用生态种植池，主要体现自然生态形象，通过填料的过滤与吸附作用，以及植物根系的吸收作用净化雨水，同时通过将雨水暂时储存后慢慢渗入周围土壤来消减地表洪峰流量。生态种植池一般下凹10~30厘米，表面种植净化能力较强的植物，其填料自上而下通常依次为覆盖物、种植土壤、粗砂和砾石，底部一般设有排水系统。另外，该系统通常还包括进水和溢流系统等设施。好的景观立意给人以丰富的想象空间，内部布置水生植物，展现出一副天然的风景画。水池中间加入"观鱼""赏莲"等要素，加强水池的亲水性、趣味性和观赏性，使游人更容易与自然相融合（图3-20）。

图3-20 海绵城市理念运用分析(生态种植池)

(四) 植物配置

为了体现绿地空间的公共性与开放性，绿化配置以自然、开放、共享、简洁、疏落为基调，为微生物、鱼、虫提供了良好的栖息之地。水生植物提供了雨水净化作用，设计时生态功能也要考虑进去，特别是雨水花园、海绵城市理念要融入设计中，这是尊重土壤、水、植物的体现。水生植物主要有：香蒲、再力花、水葱、千屈菜、黄菖蒲等，乔木配置有落羽杉、水杉、香樟、乐昌含笑，点缀配置红枫、鸡爪槭、桂花、碧桃、垂丝海棠等景观树种，灌木根据不同区域采用自然或不规则配植，如大叶黄杨、红花檵木、小叶女贞、小叶栀子、夹竹桃、枇杷、洒金珊瑚、八角金盘等，草木植物种植有狗尾草、矮蒲苇、大花萱草、花叶玉簪、鸢尾、金边麦冬、丛生福禄考等，体现疏密搭配的层次感。

Landscape
Design

第四章

校园景观设计与案例

第一节　高校校园景观设计内容与路径探索

高校校园景观在当代城市景观中充当了重要角色，是文化教育和思想传播的重要基地。在"开放、共享、绿色、创新、协调"五大发展理念的指导下，校园景观营造既要满足师生生活和学习的需要，也要有隐育的功能。

高校校园景观不同于城市其他公共空间景观，属于特殊的景观资源及开放空间，是物质文明与精神文明的载体。高校是专门的育人场所，育人的意向性要求景观本身包含丰富的教育意义与教育价值。大学校园景观凝聚着一个学校的历史文化和社会价值，能反映一个学校的精神面貌和文化氛围,是大学课堂的延续，是学生的室外教材，能在潜移默化中影响学生的价值观、人生观和世界观。在高校校园中，景观主要的服务对象为在校师生，需要满足师生交流、休闲娱乐、教育渗透的要求，具有地域文化的传承和保护功能。

一、高校校园景观设计内容与特点

高校校园服务的对象是学生、教师和管理人员，校园环境是校园文化的重要载体和组成部分，因此，高校校园景观设计包括建筑及周边的人工环境、自然环境，如校园规划布局、建筑风格、校园景观小品、绿化设计、水景、铺装、花坛、道路等都可以形成范围不同的文化环境。

高校校园作为一个特定的空间，不仅是学生的学习场地，更是他们生活、成长之地。对于广大师生来说，创造良好的校园环境，应建立在对校园环境内在特点的把握、外部空间的营造和广大师生的需求的理解之上。只有在这个基础上，高校校园景观才能真正兼顾校园的多样性与整体性，才能实现高校校园环境景观建设的时代性、生态性、地域性及艺术性。概括地说，校园景观设计要把握以下几点原则：（1）尊重地形地貌，尽可能在原有地形地貌的基础上稍加处理，以达到符合人体工程学的目的，给师生提供生活、学习、修身养性的场所和空间。（2）景观小品营造应使用低碳节能材料，显示出高校校园与时俱进的现代化教学理念，让景观本身成为一种无声的传达语言，表达情感，传递信念，让学生一旦进入校园就能充满活力、想象和灵感，充满求知的欲望。（3）注重地域文化，通过演绎和丰富自然环境、建筑风貌、文化心理、时代特征、民俗传统、校史人文、审美情趣等要素，给人以直观的视觉感受和审美享受。

二、高校校园景观设计路径探索

高校校园景观场所设计注重生态性、时代性、技术性、艺术性、地域性等，以及运用合理的设计手法进行总体布局设计、功能分区、绿化配置，并对其他环境配套服务设施等进行艺术处理，以满足校园师生沟通、学习、休闲等景观需求。

（一）"低影响"环境设计

低影响开发（low impact development）最早是由美国在 20 世纪 90 年代开始倡导的，它是一个区域性雨洪资源管理和面源污染处理技术，意在通过控制小面积的汇水区达到对洪水产生的径流和水污染治理的目的，从而使开发场地可持续地进行水循环。后被我国学习使用，并创新设计出符合国情的低影响开发应用。低影响开发是利用城市绿地、道路和水系等，对雨水进行存储、吸纳和净化，从而达到减少地表径流、减少面源污染、减少水土流失、减少旱涝危害、存蓄并净化雨水的目的；要求在开发过程的设计、施工、管理中，追求对环境影响的最小化。为了达到低影响开发的目的（图 4-1），在场地开发过程中，应尊重水、尊重植被、尊重表土、尊重地形，使土地尽量保持改造设计前的水文下垫面特征，以维持当地开发前后的降雨流水文特征不变。首先，保留校园中高低起伏的地形，形成天然的垂直绿化，保持独特的场地特征。其次，在局部绿地中设计微地形，不仅可以改变人们的视线，增加空间的层次性和趣味性，而且增大了校园的绿地面积。最后，利用地形打造雨水花园（图 4-2），加强雨水收集能力，利用透水铺装提

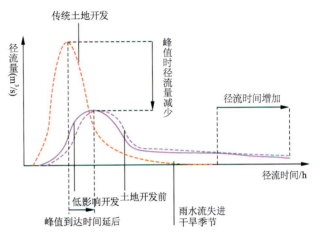

图4-1　低影响开发水文原理示意图

（图片来自：伍业钢《海绵城市设计》）

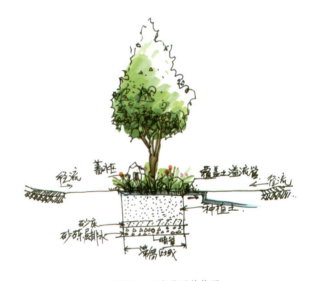

图4-2　雨水花园结构图

高当地渗透、排水能力，利用生态手段控制水体质量，改善场地的自我净化能力。

（二）现代材料表达传统

随着科学技术的进步与社会生产力的发展，地域性材料和制约技术的限制逐渐减弱，新材料、新技术得到广泛应用，在表现手法上更加灵活、自由。为增强高校校园景观地域特色，可用现代的设计语言和材料进行创新，现代材料通过在色彩和肌理方面与

传统材料的契合，或通过对传统建筑某个构件符号的模仿和对传统空间的再生，实现对传统文化的再现。

（三）传承再现地域文化

地域文化是一个民族或多个民族在一定的地域环境下通过自身劳动实践所创造并沉淀下来的文化，具有独特性。生活在一定的地域环境下，如果不了解该地域的独特文化，可以说是教育的缺失。高校校园景观设计应有效利用地域文脉因子，使高校校园景观设计蕴涵艺术、孕育文化、人文意境，塑造具有地域文化内涵的高校校园景观（设计一些反映当地生活场景的雕塑或民俗景观小品、景观建筑、地域文化图案等），使整个校园散发着历史的气息，增强画面感，潜移默化地引导学生了解地域文化，保护与传承地域文化精髓，引发学生的思索，提醒学生牢记历史，激励学生勇于创新。

（四）继承校园文化特色

校园文化反映了一个学校的办学理念、价值取向和办学思路，包含了文化建设、内涵建设、质量建设、学术建设等。高校校园景观设计对体现各高校的校园文化特色，延续和发展校园的人文校史很重要。首先，它不仅能唤起人们的思考，还能促使人们去了解校园的发展史，引发人们对学校历史文化的使命感和自豪感，促进校园生态文明建设。随着社会的发展，人们逐渐偏向个性突出、风格时尚的现代校园，但是现代化并没有阻碍师生对老校区的历史情结，而对于校园历史文化的继承和发扬反过来又会提升现代化的魅力和品位[①]。其次，它创新与传承了校园特色气氛，每所高校都有自己的办学特色、学科特色和发展史，以及学术氛围、精神内涵和校园风气等校园文化。在校园景观营造中，应表达自己的专业学科特色；理工科学校偏向于理性类的审美，景观设计表现规则性较强；文科院校则表现为感性类审美，追求文艺气息，景观设计可自由和艺术化。

第二节　江苏建筑职业技术学院校园景观设计

一、校园简介

江苏建筑职业技术学院坐落于两汉文化发源地——徐州。学校创建于1979年，为中国人民解放军基建工程兵第三技术学校（师级建制），1983年7月划归原煤炭工业部属，更名为徐州煤炭建筑工程学校，1999年7月经教育部批准升格为徐州建筑职业技术学院，2011年1月更名为江苏建筑职业技术学院。学校地处徐州市泉山风景区，分为东西两个校区，东校区为老校区，西校区为新扩建的校区，占地面积共1118亩，建筑面积40万平方米。学校设有建筑建造学院、建筑装饰学院、建筑智能学院、建筑管理学院、交通工程学院、智能制造学院、电信工程学院、艺术设计学院、经济管理学院、马克思主义学院、公共基础学院、国际交流学院、继续教育学院、创新创业

---

① 陈伯超，张福昌，王严力.《现代校园中的历史情结》.建筑学报，2005年第5期，第58-59页。

学院等 14 个二级学院，现有普通全日制在校学生 13000 人，成人教育在籍学生 7500 余人。校园环境优美，教学生活设施齐全，文化活动丰富多彩，是"江苏省文明单位""全国职业院校魅力校园""江苏省和谐校园""江苏省平安校园""江苏省花园式学校""徐州市首批绿色大学""江苏省思想政治教育先进单位"。学校构建形成以军校文化、煤炭文化、建筑文化为内核，以企业文化和校友文化为补充的特色鲜明的校园育人文化体系。

二、江苏建筑职业技术学院东校区景观更新设计

（一）场地现状及分析

东校区即老校区，是集行政办公、会堂、教学、实训、运动等功能于一身的综合校园，东校区入口景观设计范围：东西长 183 米，南北长 222 米，占地面积 40626 平方米，西高东低、北高南低。伴随着岁月的积淀，东校区的校园景观空间显得越来越拥挤，校园绿化单一，交通拥堵，同时校园显性景观与隐性景观中的文化符号体现较少。为了改善校园基本的交通、环境、景观视线等功能性问题，又逢校园文化建设活动的契机，东校区景观设计工作被排上议程。本次改造设计区域为东区入口大道两侧至第一教学楼门前、老操场看台、第二实训楼前后景观和锅炉房周边环境景观（图 4-3）。

△ 入口大道车辆拥挤、道路老化　　△ 雕塑及花坛中绿化陈旧，车辆乱停　　△ 东区操场看台老化严重

△ 第二实训楼前花园老旧，　　　　△ 部分高大乔木树形丑陋　　　　△ 弱电房及维修院子老旧
　利用率低

图4-3　东校区现状

（二）景观设计构思

依据现代化校园的规划特点，结合江苏建筑职业技术学院东区现有的环境资源，为满足停车需求、文化需求、心理空间需求等作出规划（对活动场地的规模、形状、定位，适宜植物配置，停车位布置等问题提出设计思路），规划设计团队经过深入分析

场地，勾画建筑与室外环境空间关系草图，沿着这样的逻辑构思，进行景观整体设计（图 4-4、图 4-5）。

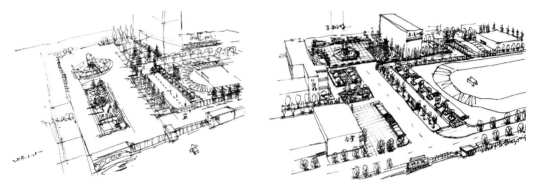

图4-4 方案构思阶段(右图为最终设计稿)

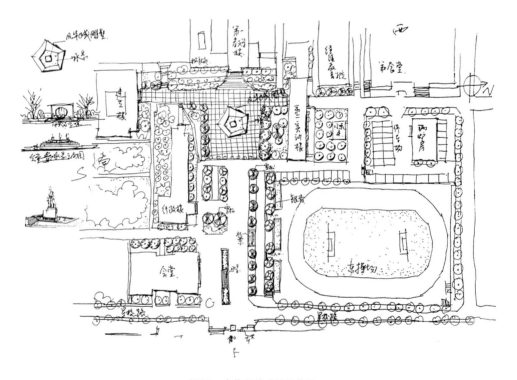

图4-5 东校区景观平面构思

第一，功能布局：根据东校区规划特点及构思，我们提出了"一心、一轴、三片区"的规划布局方案。一心：以风华正茂雕塑为中心形成景观，寓意勤奋学习、艰苦奋斗、勇于奉献，展现攻克难关精神和创新精神，具有文化教育含义和艺术气息，犹如一颗镶嵌在东校区核心区域的明珠。一轴：规划利用现状自然地形条件，创造序列丰富的入口景观大道，同时将水景与校园绿化带融合，形成景观廊道，将体现建筑学院的特色雕塑设计在入口景观中，创造出变化丰富的景观序列和生动有趣的景观轴线。三片区：入口景观区、休闲运动区及生态停车区。

第二，景观组织：强调"人本"理念，考虑校园学生的认知模式、行为模式等，设计应尽可能满足其心理需求的环境，创造良好的空间序列体验，达到步移景异的效果；寻找视线的延伸，最大限度地扩展东校区景观空间的渗透力；东校区利用北高南低的地形高差关系，形成由高到低的连续空间界面，使边界呈现多样性的特点。

第三，交通组织：根据东校区的人流和车流，将原操场南侧改为人行步道，操场看台和锅炉房区域改为生态停车场，其他为机动车干道；机动车干道为沥青柏油路，可以降低汽车噪音，人行道采用海绵城市理念设计成红色透水混凝土（透水性沥青）路面，以加强识别性和排水性，生态停车场铺设绿色生态植草砖。

第四，水景设计：孔子曰"仁者乐山，智者乐水"，教师的道德修养应如水之性，善利万物而不争。因此，沿着景观廊道两侧设计的水景与风华正茂雕塑下的水景遥相呼应，营造出动与静、仁与智的和谐境界，体现"上善若水"的师德修养之境。

第五，绿化景观：绿化配置在景观中不仅可以协调自然环境与人工环境，还在硬质景观与软质景观方面起着重要的调和作用；绿化配置呈现出自然、轻松、开放、疏落的特点，使景观视线更加通透。本方案的绿化设计，原则上对长势良好的绿化予以保留，在适当的位置，根据设计需要补种或者移栽一些树种；东校区保留了原有的雪松、广玉兰、悬铃木、大叶女贞、桂花、法国冬青，增加了银杏树、樱花树等，在乔木下根据季节变化可以更新花卉及草本植物，如三色堇、矮牵牛、金鱼草、玉簪、孔雀草、彩叶草、金鸡菊、一串红、羽衣甘蓝等，丰富了校园的色彩，营造出轻松愉快的教学环境，同时也增加了校园的艺术性。

（三）校园景观设计历程

校园景观设计者有邢洪涛、王炼、丁岚、金濡欣，校园大门入口如图4-6~图4-8所示。

图4-6 校园大门入口草图设计阶段1

图4-7 校园大门入口草图设计阶段2

图4-8 校园大门入口草图设计阶段3

入口景观有方块形绿地和排列整齐的雪松、银杏，寓意着军队庄严方队和列队的形象，这样的校园才符合军校文化背景下的教育机构形象，才能营造特别能战斗、特别能刻苦、尊师重道的学习氛围，引发师生的回忆与共鸣（图4-9）。

图4-9 东大门入口景观整体鸟瞰图(最终方案)

风华正茂雕塑与五边星造型的水景（基座上镶嵌红色五角星和原中国人民解放军基建工程兵第三技术学校字样）相结合，是军校精神和品牌特色的浓缩，形成信息符号语言，向师生传达育人理念、审美信息和红色文化基因，也是为广大师生员工树立国防意识，培养其热爱祖国、热爱校园的情感（图4-10）。

新中式景墙，设计有门洞、瓦片、水池中的石头和朦胧的水帘等景观元素，整个造型既通透，又起到分割空间的作用，与山、水、植物、灯具等形成一个具有丰富细部的观赏景点，创作出一幅极具中国意境的真实"山水画"，特别是水景墙边框上刻有汉代图案，人行步道挡墙雕刻有汉代画像石图形，极具地域特色（图4-11）。

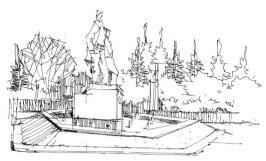

图4-10 风华正茂雕塑与五边星造型水景

图4-11 新中式景墙

三、江苏建筑职业技术学院公寓文化区景观设计

(一)基地现状分析

公寓文化区景观位于江苏省徐州市江苏建筑职业技术学院东校区西校区交汇处,占地面积5400多平方米,北边和南边为宿舍,东边是食堂,西边是体育馆。公寓文化中心绿地地形起伏变化,总体是北高西低的趋势,场地中部为东高西低的坡地,基地周边主要为校园道路,东部是自然生长的柏树林,中间的坡地上零星生长着几棵植物,西边为栾树林并有坡度,整体地形海拔高程较为复杂(图4-12)。

图4-12 基地现状

(二)设计构思

校园文化是一个学校的精神积淀,反映了校园的学术氛围、历史文化、精神风貌、审美取向、生活方式、娱乐文化等;地域文化则是所处地域劳动人民长期劳动、生产、生活积累形成特色的地域性民俗习惯、历史文化等。校园文化是在地域文化的影响下形成与发展的,校园文化是对地域文化的吸纳和升华;校园文化的发展有利于地域文化的传承与创新,为地域文化注入新鲜的血液,影响地域文化的发展。两种文化相辅相成,互相渗透。所以,江苏建筑职业技术学院的建筑文化、人文精神和徐州的地域文化为公寓文化区的景观设计提供了创作源泉(图4-13)。

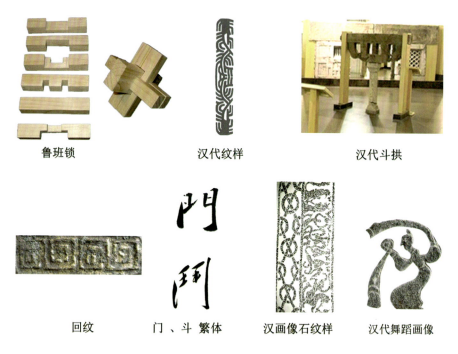

鲁班锁   汉代纹样   汉代斗拱

回纹 门、斗 繁体 汉画像石纹样 汉代舞蹈画像

图4-13 设计构思过程中寻找的素材

依据中心绿地现有状况及周边景观,根据地形地貌及地质情况和人体工程学相关知识分析人的活动规律,顺应景观格局和周围学生活动空间对方案进行设计。设计师以中国传统文化中的徐州汉文化为设计蓝本,经过抽象化、艺术化总结归纳出流线型的线条,并以此作为道路系统。同时景观小品提取汉画像石图形、斗拱等传统文化元素设计廊架和鲁班锁雕塑。在不同元素的碰撞中寻找灵感,赋予中心绿地景观全新的意义,使中心景观系统成为周边生态环境的载体,使景观建筑、生态广场树草木及小品融为一体,营造出轻松的人性化空间,体现出人文主义关怀和现代高校景观的现代性、生态性。运用地域文化艺术的要素来营造高校景观,可解决高校景观的单一化问题,丰富地区大学的地域文化内涵,促进地域文化艺术的传承与创新(图4-14~图4-16)。

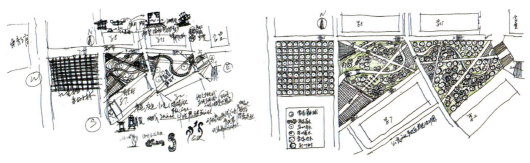

图4-14　方案草图设计、构思阶段

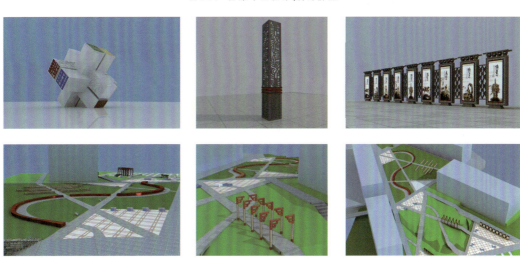

图4-15　设计历程1(方案设计模型制作)

图4-16　设计历程2(方案效果图制作)

(三) 总体布局

　　整体环境规划设计以景观生态学的理论为指导,采用中轴线的景观规划手法,进行空间的分隔及创造。在方案设计中,保留了原有大部分柏树、栾树,根据基地所在位置和学生活动规律特点,考虑绿地空间的布局与分隔,采用的是直线与曲线相结合的道路分割法,隐喻工科与文科两种文化的融合,既体现了当代大学生理性的一面,也传达了儒家文化含蓄的思想,特别是曲线的运用,使中国园林艺术设计手法得到体现。现代校园景观追求文化、开放、共享、绿色的理念,营造出具有地域特色的现代校园景观。绿地空间的功能主要以观赏、休憩、游乐为主,为敞开形式,有景观廊架、坐凳、景观灯柱、宣传栏、红飘带、鲁班锁雕塑等,为游人提供休息、观赏的休闲活动空间(图 4-17~图 4-21)。

① 入口	③ 鲁班锁	⑤ 坐凳	⑦ 座椅	⑨ 宣传栏	⑪ 小型广场	⑬ 环形小路	⑮ 廊架
② 基地周边道路	④ 主干道	⑥ 田字形坐凳	⑧ 门字形门	⑩ 环形坐凳	⑫ 长条坐凳	⑭ 模纹花丛	⑯ 植物密植区

图4-17　江苏建筑职业技术学院公寓文化区景观设计(总体平面图)

图4-18　总体鸟瞰图1

图4-19 总体鸟瞰图2

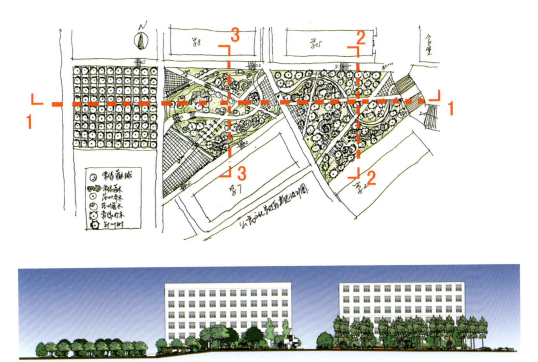

1-1剖面

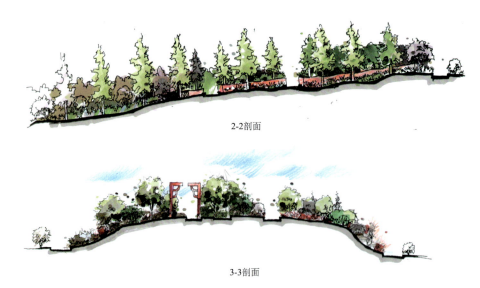

2-2剖面

3-3剖面

图4-20 公寓文化区景观剖面图

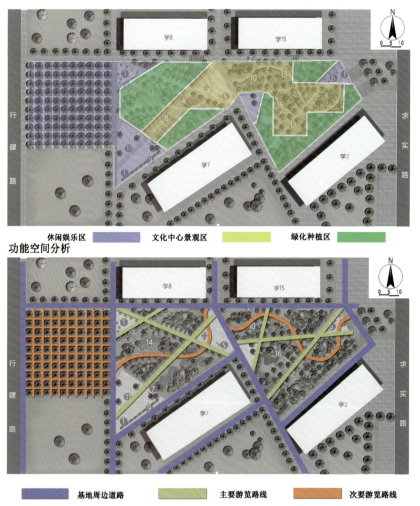

休闲娱乐区　　　文化中心景观区　　　绿化种植区

功能空间分析

基地周边道路　　　主要游览路线　　　次要游览路线

交通流线分析

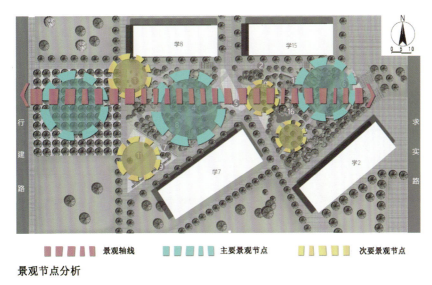

景观轴线　　　　主要景观节点　　　　次要景观节点

景观节点分析

图4-21　公寓文化区景观分析图

（四）特色景观

韵丰林是一片侧柏树林，为军校时栽植，重新设计时，保留了侧柏树林，它不仅见证了校史，更展现出独特的校园文化内蕴。在植物的选择和布置上，注重塑造不同的植被景观以烘托其独特的育人环境。低矮绿篱种植通过人工修剪出来的汉代玉文化"龙"的造型和画像石的图形，侧柏树林景观主要运用徐州汉文化中的龙文化、舞动汉俑文化，把徐州舞动的汉韵通过红色飘带得以体现。运用阴阳结合的处理手法，结合学校公寓区树林环境特点，采用中国红作为主要色彩，为学生提供了一个优美的休闲休憩空间。曲线的穿插打破了原有的秩序感，而曲径通幽的道路起到了移步换景的作用，增加了观赏景观的效果，突显了建筑学院的理性与秩序，既起到观赏的作用，又能方便教学与研究，呈现学校不同于其他院校的独特性质，形成鲜明的校园文化特性（图 4-22）。

图4-22　《韵丰林》

　　鲁班锁在我国已有几千年历史，相传是由鲁班发明，经过诸葛孔明的发展制作而成，广泛流传于民间。鲁班锁由中国传统榫卯结构组成，也称八卦锁、莫奈何等；而公输盘又被称为建筑师的鼻祖，他不仅拥有着丰富的建造经验，并且发明了钻、刨子、铲子、曲尺，以及画线用的墨斗等建筑工具，所著《鲁班书》更是中国最早的建筑理论书籍，因而中华几千年来一直备受木匠工匠的推崇。雕塑以传统鲁班锁、印章篆刻艺术为设计蓝本，以中国传统建筑榫卯结构为特征，表面勾以汉代纹饰表明学校三易其制、五更其名的发展历程，既融入了地域文化与校园文化的元素，也彰显了建院人承继历史、凝心聚力再创新辉煌的心志与梦想（图4-23）。

图4-23　《鲁班锁雕塑》

　　中国木建筑最重要的标志就是斗拱，它是中国传统建筑艺术的结晶。从西周起，铜器拱令簋上就已经有斗拱的形状，至汉代开始在柱间使用斗拱，称为人字拱。唐宋年间开始兴盛，如今幸存的最早的古建筑五台山佛光寺便是斗拱兴盛的见证。明清时，斗拱艺术达到巅峰，形式也更加繁复美丽。本作品设计元素来源于中国汉代建筑斗拱、汉字繁体"鬥""門"、窗格的造型，通过形意结合的方法，体现建筑学院的景观意境，同时也隐喻一定的教育内涵，五组廊架的造型喻示了莘莘学子将走向成功之路（图4-24）。

　　在宣传栏的设计中则提取了汉文化的元素，运用汉代建筑斗拱、汉画像石图形的窗格、回纹造型作为装饰，以灰色和红色进行搭配设计，更加突显了宣传栏的内容与主题。经过艺术设计提取、归纳、总结，将汉文化元素转译于宣传栏中，体现了徐州的地域文化特色（图4-25）。

　　长廊的整体造型也以汉代建筑斗拱、汉画像石图形为装饰设计元素，运用栗色作为基本色，突显校园建筑的时代感，为学生提供了一个休闲的活动空间（图4-26）。

　　《周礼·考工记·匠人》中："国中九经九纬，经涂九轨。"在栾树林设计中运用经的手法，中国古代城市规划设计理念与空间处理手法在栾树林设计中得以体现，暗合河图洛书的文化传承，在一定程度上体现了民族性城市规划设计的文化理念（图4-27）。

高低错落、长短各异的景观条石，立面刻有汉画像石纹样，装置在丛林之中，增添了景观的空间层次和趣味（图4-28）。在景观设计中，出入口场地要宽敞，有利于人流疏散，在景观东入口小广场设计几组拼接石凳，为学生提供了休闲、放松的场所（图4-29）。

以上这些都是地方文化与传统艺术渗透进校园建筑的代表案例，以物质再现历史文化，将地域历史文化渗透进校园景观中，营造了浓郁的历史文化氛围，可以引起师生的关注与思考，有利于继承和创新民族传统文化（图4-30、图4-31）。

图4-24 《门型廊》

图4-25 《建苑窗》

图4-26 《迎春长廊》

图4-27 《九宫涂》

图4-28 景观条石

图4-29 东入口小广场及坐凳

图4-30　江苏建筑职业技术学院公寓文化区景观施工现场照片

图4-31　江苏建筑职业技术学院公寓文化区景观实景照片(设计:邢洪涛　张福明　陆康)

四、江苏建筑职业技术学院射艺场景观设计

(一) 项目背景

江苏建筑职业技术学院位于淮海经济区中心城市徐州。徐州有着深厚的射艺传统与弓箭习俗,《明史·乡兵》记载:"徐州有箭手,其人擅骑射",清《兵迹》中也有"徐州箭手"这一美誉。

中华优秀传统文化是中华民族的"根"与"魂",将优秀的民族传统文化进行创造性转化、创新性发展是高校"以文化人"的重要依托。《礼记》曰:"以立德行者,莫若射。"射艺为君子六艺之一,自古便是教育体系中的重要一科,蕴含了丰富的爱国主义、礼仪道德、工匠精神等育人元素。江苏建筑职业技术学院为弘扬中华民族传统文化和传统体育项目发展,为学校传统体育项目增加新景点,探索把"射以观德"的民族传统引入"立德树人"的人才培养过程中。

(二) 场地现状分析

射艺场坐落于江苏建筑职业技术学院西校区风景秀丽的大牛山山麓北侧,南有泉山,北有图书馆,东有学生公寓,南边为坡地,基地整体地形为南高北低,东西长120米,南北宽50米,占地面积约6000平方米。基地交通便利,周边自然景色优美,视野开阔,为射艺最佳场地。

(三) 礼射文化解读

礼射文化也是弓箭文化。弓矢被发明以后,弓箭逐渐由生活的工具演变为作战的武器,射箭成为军事训练的内容,后受到儒家文化的影响,与礼仪融合,成为士子习礼修身的礼器,要求做到"仁者如射,射以观德"。可见,它从一门生存技能已转化为有人文内涵的礼射活动,引导社会走向平和,成为中国独有的礼射文化(图4-32)。

春秋战国 宴乐水陆攻战纹壶图　　　汉代弋射收获图　　　礼射画像　　　汉代骑射图

图4-32　礼射文化相关画像石图形

(四) 两汉文化的建筑风格特征

秦汉时期,开始废弃台榭体系,兴盛木构架技术,才使中国建筑具有了一定的形制风格,我们将这个时期的建筑通称为"汉代建筑"。由于这个时期战乱横行,历史建筑因年代久远而没有遗存,根据考古学家对出土的画像砖、汉画像石、汉墓陶楼等的发掘和考证(图4-33、图4-34),总结出汉式建筑的特点为:(1)建筑平面布局均匀、对称,结构以抬梁式和穿斗式为主,木料的结构框架总是凸显出建筑的基本轮廓。(2)建筑门窗自由

而富于变化，以菱花和柳条式为主。（3）常使用绘画、雕刻等装饰建筑。（4）建筑屋顶平直舒展，檐口平直，脊端起翘，屋脊装饰朴实。（5）斗拱粗壮饱满，斗拱承拖屋檐，使屋檐向外延伸足够的深度，建筑轮廓及立面丰美，具有质朴、憨厚之美。

图4-33　徐州汉画像石

图4-34　徐州韩山汉墓陶楼

（五）设计构思与布局

射艺场以"茹古涵今，人与天调"为设计立意，就是在人与自然协调方面将传统射艺文化和校园文化结合在一起，创造具有地域特色、密切结合校园文化及教学需要，并具有徐州地方风格的射艺场地。整体布局呈长方形，场地南侧分别点缀两座景观亭，主要有礼射照壁、景观亭廊、观德亭、立德亭、演礼广场、靶墙、射艺宣传廊架等。入口的景观亭廊平面布局采用"U"形对称式布局，突出纵深中轴，展现出一种规整、对仗的美，有利于创造典雅、端庄、宁静的空间境界（图4-35）。建筑南侧廊内设计了弓箭、服饰文化展览室和休息室，其他为穿行游览和观赏空间，体现功能与观赏的统一。结合地形特点，依形就势巧妙地安置立德亭和观德亭，两个景观亭在整体布局中起到点缀、点睛、补白的作用。立德亭位于场地入口南侧，为场地制高点上，视野广阔旷远，登临其上，有"孤亭一目尽天涯"之感，与亭廊建筑形成对景，互为邻借关系；观德亭在场地中间南侧空旷山坡上，起到填空补白的作用，使场地空间构图得以均衡，它所处位置可以连接射艺活动场所的每一个角落，使风景意趣连续不断，为全局增色（图4-36）。

建筑风格以徐州地域特色的汉文化建筑元素为蓝本，建筑的局部装饰有徐州独具特色的汉画像石图形图案，同时提取汉代建筑坡屋顶形式，通过体块穿插、嵌入等艺术手法处理，塑造了具有地域文化特色的建筑屋顶轮廓线，形成具有整体感和雕塑感的建筑群体形态；场地建筑群高低错落有致，整体布局气势恢弘，景观轴线明确，取得了空间大小、虚实、明暗的对比变化，形成了景色丰富、移步换景的时空效果，创造出富有情趣的建筑境界。建筑群体景观优美，藏于山林，融入自然，是修身修德、陶冶心性之胜地。

学生将在这里研习弓箭文化体系，以重德、崇礼、尚武为理念，以命中致远为实践，以扳指射法为标志，练习弓射、弩射、弋射和礼射、军射、猎射、投壶等丰富多彩的项目内容，为弘扬中华民族特有的弓箭文明作出贡献。

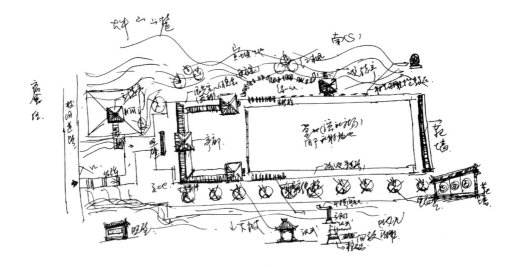

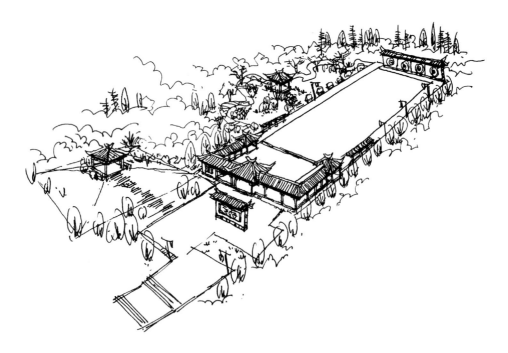

图4-35 射艺场方案构思图

　　建筑营造打破了宫殿式建筑的威严，场地建筑因地制宜，结合地形起伏变化布置景观建筑，高低起伏，趣味十足。场地建筑群布置表达了古代文人士子寻求自由的审美理想及艺术想法，其依托于众多巧妙的场景，以虚实结合的多元化技巧和方式，令建筑群和自然山体的美结合起来，构建了一个相对自由，更为开阔的有机整体的美（图4-36）。

图4-36　射艺场景观设计方案鸟瞰图

　　亭廊建筑平面与立面主要是采用对称式布局，廊以相同单元"间"组成，开间长3米，进深3米，高度3.3米，立面屋顶造型丰富，尤其是在建筑中间设置亭子，使建筑立面具有新意，体型高低错落，立面构图对称均衡，形式活泼，与园林环境相协调。照壁和靶墙，平面为一字形，壁身采用青砖砌筑，屋顶为悬山式，照壁在场地中起到"序言"作用，靶墙既有揽矢作用，又兼顾景观墙衬托场地景观，两者同时又有对景、隔景、障景作用（详见附录）。其建筑造型简洁明朗、精致有趣，表达的内涵彰显强烈的东方文化神韵和审美认同（图4-37～图4-39）。

图4-37　射艺场景观局部效果图1

图4-38　射艺场局部效果图2

图4-39 射艺场景观模型

（六）射艺场建筑营造诗情画意的空间意境

建筑艺术之中掺和的精神性要素，是对建筑意境的概括，利用景观建筑富有艺术性的形式风格和布局来进一步渲染和突出特定环境，并通过楹联、诗文、匾额、碑刻等提供给观赏者对景物的解释性和引导性的鉴赏，有利于观赏者理解、发现景物的意蕴内涵，以加强和突出园林景观的诗情画意。

射艺场的诗文《射以观德》："青山入怀云为伴，书香绕梁鹄在前。远闻弦鸣寻射亭，近观君德不知返"，概述了建筑所处的优美环境，阐述了射艺场的用途和游赏感受，它是一个可观可游的场所，这里可以"远闻弦鸣""近观射艺"，传递了场地景物生动的礼射文化背景信息，通过青山、云霞、书香、弦鸣、鸟语等各种形、色、味、声组景元素，把射艺场绚丽的迷人境界升华到极致。

精妙高雅的题名可为景观建筑增色，其本身就是一道风景线，如射艺场的立德亭、观德亭等题名，主要以匾额的形式悬挂于建筑外檐，用意在于规诫大家要修身养德，懂得识礼，具有渲染空间、点示场所精神的作用。

景观建筑的对联具有诱发遐想的作用，可引发游览者发散广阔的想象空间。立德亭的对联是："仚山建高亭遥瞻海天云，挽弓习射艺追摹汉唐韵"，观德亭的对联是："大观天下艺高承千古，以德为先品正沐万家"，通过对空间和时间的描述，令站在亭内观赏的游人陶醉、流连忘返。这类升华主题的对联通过对空间、时间、场景的描述，增添了引人探胜的兴致，点出射艺场附近动人的自然环境和隆重的礼射场地的环境意蕴，起着重要作用。

在《礼记》中记载："楹：天子丹，诸侯黝，……"。这里"楹"即柱子，"丹"即红色，在周代至汉代，我们祖先有喜用红色的习惯。门窗、柱、梁、枋、斗拱等结构均采用黑色与红色调配出来的铁红色，色彩雅致、稳重，与白墙、黛瓦搭配，表达出场地浓郁的汉代风格和时代穿越感（图4-40~图4-42）。

图4-40　施工现场照片

图4-41　射艺场雪景

图4-42 江苏建筑职业技术学院射艺场景观实景图

在照壁须弥座束腰处、观德亭台基和栏杆上，以及立德亭廊、射艺宣传栏、礼射榭等建筑柱础上部雕刻汉代回纹；窗与门，采用菱花式窗格，形象规则、均衡、质朴、大方；照壁和靶墙的正立面均采用汉代射艺图浮雕镶嵌于墙面之上，在照壁正面两侧有汉代菱花构成的窗格浮雕，背立面有隶书篆刻的《观德亭记》，丰富了建筑立面的细节处理。以图案及文字应用至建筑艺术，纵深了建筑的语义含义及深远的意境，不仅可以让游人从历史文化角度欣赏射艺，还可以从书法美、工艺美所扩充的建筑立面去感受美感（图 4-43）。

图4-43 江苏建筑职业技术学院射艺场景观实景局部

礼射场作为中华优秀传统文化传承基地，是物质文明与精神文明的载体，为人们提供了一个良好的休闲、游憩、社交和开展文教活动的公共空间，是区域文化建设的重要载体和传播基地。地域民族文化及传统文化在校园景观中的应用直接或间接提升了校园文化内涵，根据实际案例解读当代校园礼射场景观空间的意境营造，启发设计师在特色场地的校园建筑中应用一定的创新方式，同我国的造园方式相结合，可令民族自身的特色文化依托创新发展走向景观艺术的最高境界。在满足功能性和观赏性的同时，将高校的教育及审美功能体现出来，对弘扬传统文化、审美意匠、校园文化起到了积极的作用（图 4-44）。

图4-44 礼射学术研讨及礼射教学场景(设计:邢洪涛)

五、江苏建筑职业技术学院景观长廊更新设计方案

(一) 江苏建筑职业技术学院幼儿园南侧休闲长廊更新设计

1. 项目说明

休闲文化长廊位于建院家属院幼儿园南侧,场地为长方形,地势平坦,东西长75米,南北长28米,景观总用地面积2100平方米,建筑占地面积约249平方米。

2. 建筑设计

更新设计保留原有建筑平面布局,长廊平面布局曲折迂回,空间组合活泼;建筑采用钢筋混凝土仿木结构,长廊改造为盝顶,为原有的紫藤提供生长环境,基本色是黛瓦、栗色柱。在长廊东西两端入口增加了四角攒尖亭,中心花池改造为六角重檐亭,既突出了建筑中心又拓展了休闲活动空间;于东边设置蜿蜒曲折的园路连接长廊、水池、亭子,结合植物的高低错落配置形成开合变化的空间,人游于其中,移步换景,水池与建筑相互映托,体现出浓郁的江南园林特色。

3. 植物设计

周边的植物保留原有较大乔灌木位置不变,适当调整灌木位置,在灌木下配置耐阴植物(如花叶青木、八角金盘、麦冬等),丰富休闲长廊周边的自然环境,使整个长廊处于自然之中。更新之后的休闲长廊营造出"曲廊探胜"之意境(图4-45~图4-47)。

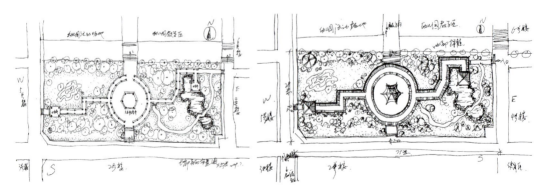

图4-45 幼儿园南侧休闲长廊更新设计构思图

图4-46 南立面图

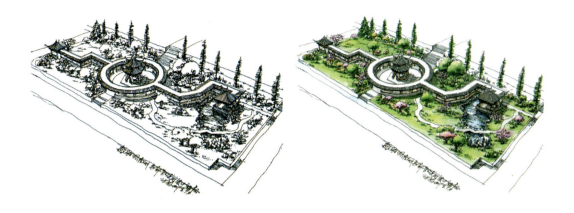

图4-47 建筑学院幼儿园南侧休闲长廊景观手绘鸟瞰构思图

六角重檐亭屋顶翼角高高翘起，成展翅欲飞之势，有强烈的上升感，增加了造型上的艺术感染力，体型轻巧，产生一种浪漫色彩的造型美，寓意拥抱天空，与自然融合为一体。

东侧的亭廊临水而建，底部以山石作柱基，以增强自然之感，另外，亭廊与南面的曲桥组成对景，妙趣无穷（图4-48）。

休闲长廊属于亭廊组合，立面构图匀称，高低错落，结合山石、水景，形式活泼，增加了园林景观气氛（图4-49）。

图4-48 休闲长廊手绘透视图效果

图4-49 幼儿园南侧休闲长廊鸟瞰效果

（二）江苏建筑职业技术学院东校区教一楼西侧的文化长廊更新设计方案

1. 项目说明

文化长廊位于建筑学院第一教学楼西，教育超市南，长廊总体为 L 形布局，景观总用地面积 2734.7 平方米，建筑占地面积约 410 平方米。

2. 建筑设计

建筑平面布局转折变化，强调"人本"设计理念，考虑校园环境和游览者的心理需求，提供良好的空间布局，达到步移景异的效果。建筑基本色是黛瓦、栗色柱，在廊内一侧的柱子之间增添了花窗白墙，强调虚实对比，形成自己独特的一面（图 4-50~图 4-52）。

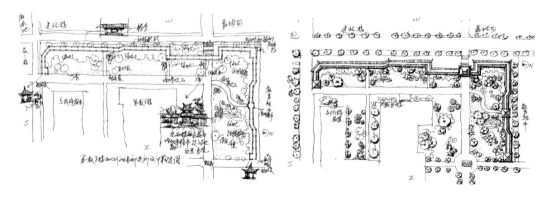

图4-50 第一教学楼西侧文化长廊景观设计构思图（方案一）

图4-51 北立面

图4-52 东立面

3. 空间形态

文化长廊一方面作为通往教学区的通道，另一方面填补了这块"灰色空间"，把教学区的建筑紧密地联系在一起。在尊重长廊原有平面布局的基础上，长廊屋顶改造为盈顶，为原有的紫藤、蔷薇、葡萄提供生长环境，在其主要的节点上设计四角攒尖亭，在通往西校区的通道上设计重檐歇山亭，使长廊立面造型更加生动，以求空间上的丰富变化，营造怡静优美的空间环境，为校园景观空间增添层次，为师生提供休闲、交流、学习的空间。另外，更新设计的长廊景观与建环楼西侧的国际交流中心楼在风格上遥相呼应，沿着文化长廊布置花镜，使廊内外景色相互渗透，营造宜人的校园环境（图4-53）。

图4-53 文化长廊瞰图1

4. 植物设计

保留原有的黑松、垂丝海棠、海桐、丁香等以乡土植物为主，以强调乔木、灌木、花草所构成的景观色块，形成四季如新的景色，芳草丛丛，色彩缤纷，鸟语花香，充满自然气息，行走在长廊、校园道路上可赏校园美景。

5. 造景

作为景观建筑，除了本身成为景观之外，也要有观景的功能，内外成景，景境相连，于是就需要在设计上调用一切手段，如框景和借景将廊外之景定格，收入景观建筑之内，形成景中有景、景中套景的效果。利用景窗、雀替等建筑构件作取景器，将廊外近、中、远诸景收入廊内，与长廊形成因借关系。明代造园家计成认为造园之精在于"体宜"，造园之巧在于"因借"，通过两者达到天人合一的效果。由于整个长廊沿着东西校区分界线布局，转折变化，造成内外景色有不同的效果，加上山石、树木的配合，组成了若干个颇有趣味的景观空间（图4-54~图4-56）。

图4-54 文化长廊局部效果图1

图4-55 文化长廊鸟瞰图2

图4-56 文化长廊局部效果图2(设计：邢洪涛)

六、江苏建筑职业技术学院共享型实训基地低影响理念下的景观设计分析

近年来，城市化进程的加快，导致城市内涝、地下水位下降和城市基础设施建设问题频出，为了更好地维护城市复杂的生态系统和生态文明建设，解决好区域适当的水域和湿地面积与陆地总面积的比例关系，对低影响开发中的水生态文明建设提出了水资源可持续性的追求、安全理念的追求、生态工程技术和艺术的追求。基于这些追求，以江苏建筑职业技术学院共享型实训基地景观设计为例，分析低影响理念对高校校园景观营造的原则与设计方法，实现雨水收集、净水、蓄水的雨水生态利用，创造具有整体性、生态性、多样性的高校可持续景观。

随着高校的快速发展，校园面积不断扩大，校园景观在得到发展的同时，往往忽视了对自然生态环境的保护。高校校园作为城市中一个独立的人工生态子系统，合理利用校园地形地貌，改善校园的积水和水土流失，走可持续循环的低影响理念开发道路，不仅可以提高整个区域的生态系统，还可以降低整个校园景观建设的成本。校园景观中的低影响开发理念是将场所精神、艺术与雨水可持续利用技术与高校校园景观相融合，为在校师生提供学习、休闲、交往场所的同时，也对学生产生着潜移默化的教育意义。

（一）项目背景

江苏建筑职业技术学院为国家示范院校，始建于1979年，原为中国人民解放军基建工程兵第三技术学校，后依次更名为煤炭建筑学校、江苏建筑职业技术学院。学校秉承"厚生尚能"的校训，弘扬"求实创新"的校风，着力培养基础厚、技能强、后劲足、能吃苦的高素质技术应用型人才。

实训基地位于学校西北角，邻近学校西门入口，西侧是泉山，南边和东边分别是翠园路、强身路。场地三面环山（东北是双山、西侧是泉山、南侧是大牛山），内部又有水系穿过，形成动静山水格局。建筑采用的是现代简约风格，沉稳大气。项目总规划面积 58000 平方米，景观面积约 30000 平方米（图 4-57）。

西高东低

南高北低

整个场地呈南高北低、西高东低的走势，南北最大高差约为 7 米，东西最大高差约为 2 米。其中南侧地块相对较为平坦，较大高差主要集中在北侧地块。

图4-57 江苏建筑职业技术学院共享型实训基地低影响理念下的景观设计分析

(二) 场地分析

场地地形整体是南高北低、西高东低的走势，南北最大高差约 7 米，东西最大高差约 2 米，其中南侧地块相对平坦，较大高差主要集中在北侧地块（图 4-58）。

总平面图

0 10 20 40m

图例 Legend
① 特色景观桥
② 跌水景观
③ 亲水平台
④ 休闲廊架
⑤ 花坛坐凳
⑥ 特色雕塑
⑦ 花坛入口
⑧ 花池台阶
⑨ 特色挡墙
⑩ 中心平台
⑪ 树阵广场
⑫ 台地种植
⑬ 小游园
⑭ 下沉广场
⑮ 生态停车场

鸟瞰图

花池台阶效果

树阵广场效果

设计与建设单位：南林大工程规划院   江苏建院

图4-58   基地总平面规划、鸟瞰图和局部效果图

(三) 设计理念

依据山环水绕的山水格局和学校创新、革新的精神，孕育出三个设计理念：生态的衔接与过渡——延续园林式校园景观布局，引导低碳节能环保校园生活，促进环境与人群的统一；区块的缝合与补充——完善建筑空间功能，整合实训基地功能区块，优化室外使用空间；文化的延伸与升华——连接校园文化脉络，发展校园人文创新景观，彰显实训基地地块特色。

(四) 总体设计

将原来的水系拉通，形成一个整体，并利用地形高差特点打造跌水景观和台地景观，丰富场地竖向景观；分析地形高低变化，利用地表径流设计雨水花园；结合建筑空间布局营造不同功能的景观空间，将建筑、景观小品、绿化、雕塑、人文有机融合；同时把低影响理念融入本次景观设计之中。

1. 建筑周边设计

首先，为增强建筑入口的标识性，利用景观石和植物组合的方式来表达，如北侧地块入口利用千层石和黑松组合营造入口空间，与场地的山水环境相融合；建筑周边种植低矮乔木，落叶不遮挡视线；建筑周边的停车场以生态草坪砖铺设；采用坐凳树池组合，增加环境通透性、生态性，有利于空间分割和雨水收集，还方便师生停留休息。

其次，共享型实训基地建筑密度约为15.22%，可收集雨量约1.5万立方米，但基地建筑设计之初并未考虑绿色屋顶的设计，因此在防渗层、坡度及荷载等方面无法达到国家绿色屋顶设计标准。雨水可通过落水管进行收集或下渗处理。在校园实训基地景观设计中，通过绿地边缘的生态草坪砖、石笼、砾石铺面对路面汇流而来的雨水进行初级过滤净化，同时通过高程的不同及对材质的运用，营造具有时效性的雨水景观。屋面雨水经过落雨管流入雨水桶中进行收集，雨水桶采用透明质地，将整个雨水收集的过程呈现在人们眼前，作为一种动态的即时性景观与周边景观相融合。

2. 庭院式广场设计

广场以铺装与绿地相结合，铺装广场以透水铺装为主，如胶黏石、透水混凝土。庭院式广场结合建筑布局与周边场地环境营造休闲、活动、停留等空间，满足人群的不同需求，如在南侧主入口增设景观桥与学校主干道相接，利用台阶与景观护坡消化高差，并设置入口小广场，为师生提供等待、聚散的场所；沿花池局部增加休闲坐凳，为人群提供休闲休憩的场所；南北两侧地块广场利用树阵、草坪对入口进行空间分割，打造树阵广场，不仅为人群提供休闲去处，地面草坪还可以作为雨水花园使用，通过植物、沙土的综合作用使雨水得到净化，并使之逐渐渗入土壤，涵养地下水或补给景观用水；北侧庭院广场的花池台阶，利用高差、台阶形成花池景墙与校园历史沿革等内容相结合；整体空间提供了阅读、交往功能，提高了整个空间的利用率。

3. 滨水景观设计

滨水景观分为南北两个地块，水景观设计考虑将现有的两块独立水系拉通，并利用高差打造特色跌水景观，水源考虑从学校北侧青园水库引入或地下水引入。最北侧水体为该场地最低点，是雨水汇集点，考虑直接收集会有污染，因此将引流来的雨水排出口设置在最高点，通过不同高差变化形成雨水花园，在滨水驳岸区域设计生态种植槽进行雨水过滤净化处理（图4-59）。东、西侧绿地增加亲水平台与休闲廊架，加强人与水的互动，满足学生游憩、交往的需求，增加了地块的参与性与使用率。

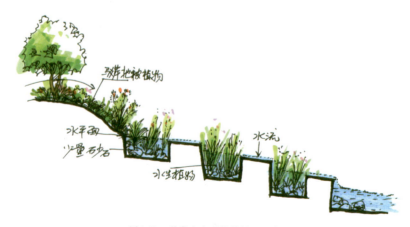

图4-59 驳岸生态种植槽剖面示意图

4.绿化设计

在雨水可持续利用景观中，植物的选择是根据场地状况所决定的，雨水花园、下沉式绿地等有短暂集水功能的雨水可持续利用技术措施中，需要种植适宜地域气候的耐旱且短期耐水的植物。在现有植物中，连翘、迎春、紫荆、紫薇、榆叶梅、贴梗海棠、洒金柏、红枫、松类、柏类、槐树、银杏这些属于不耐湿涝的植物，不适合应用于雨水可持续利用景观之中，而栾树、白杨、水杉、垂柳、白桦、皂荚、棕榈、香樟、大叶女贞耐干旱且短期耐涝，适应用于雨水可持续利用景观营造之中。

滨水空间的绿化种植是以灌木及花灌木为主，局部种植乔木主导的绿化组团。水面以挺水植物为主，局部铺以浮水植物，如枫杨、紫叶碧桃、连翘、柳树、乌桕、金钟花、睡莲、水生美人蕉、千屈花等。

（五）结论

城市化进程的快速发展改变了原有的生态水循环系统，出现了"内陆看海"、地下水位下降等现象。近年来人们更重视生态城市建设，国家学习海外低影响理念并结合国情走中国化海绵城市发展模式，利用自流、渗透和净化雨水等打造生态景观建设。国内很多高校尚未建设水资源合理利用的系统，高校雨水资源浪费严重，这不仅要求高校运用低影响开发理念实现净水、蓄水等功能，还要求这些设计能满足校园教学、交流等需求。尊重自然，利用地形地貌、土壤、水和植物是解决当代高校节能低碳的景观设计的方法。低影响理念下的技术措施与高校景观设计融为一体，必然能为师生带来自然、生态的特色景观。

第三节　连云港中等专业学校大门入口景观设计方案

一、项目基地基本概况

连云港中等专业学校坐落于连云港新浦区花果山大道振华东路2号，学校大门入口基地南北长69.5米，东西长48米，面积约3336平方米；整体地势较为平坦，基地周围均为行车道，在东西两侧种植了香樟；基地北侧是学校行政大楼，南侧是学校大门出入口，西侧是体育馆，东侧是停车场（图4-60）。

二、校园文化分析

校园文化是德育的主要载体，德育则是校园文化的灵魂。"山海铸风骨，大德行天下"德育品牌模式的建设，正是依托校园文化建设与德育工作之间的渗透共融来促进学生的成长成熟。校旗校徽是学校精神文化的显性标志。连云港中等专业学校白底蓝字的校旗展现出山高海阔的雄伟画面，也意喻着高洁深邃的品学修养。校徽则是学校最具"山海文化"特色的符号（图4-61）。

图4-60　校园入口基地现状

校徽　　　　　　　　　山海及图形文字符号

连云港将军岩石刻图形提取

图4-61　设计寻找的元素

三、设计构思

布局采用现代主义设计手法，运用人体工学相关知识分析人的活动规律，顺应校园景观格局和周边学生活动空间需要对方案进行设计。本方案设计是以学校"山海文化"为设计蓝本，结合学校山海文化和教育背景，提取"山海"汉字变形的折线进行加工、提炼，以艺术化、抽象化元素作为景观骨架布局，把校园山海文化、地域文化融入校园景观之中，达到移步换景的目的。锥体之形的地形代表了山的概念，曲线道路代表了大山的轮廓，曲线的绿篱形成的不同色带代表了海洋，这些对校园主体甚至周边居民，以及前来旅游参观的人群具有文化传播的作用。规划设计尊重和发扬地域场所精神，运用地域文化艺术的要素来营造校园景观，促进山海文化、地域文化艺术的传承与创新，形成山海文化的实践教育基地，把文化性、知识性和技术性融入现代景观设计中来，突出校园景观的文化品位，因此，风格鲜明、地域文脉突出、功能合理是此设计的出发点（图 4-62~图 4-66）。

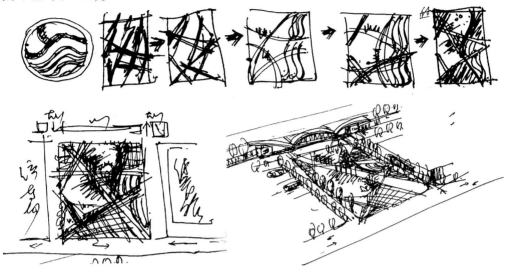

图4-62 校园规划设计构思图

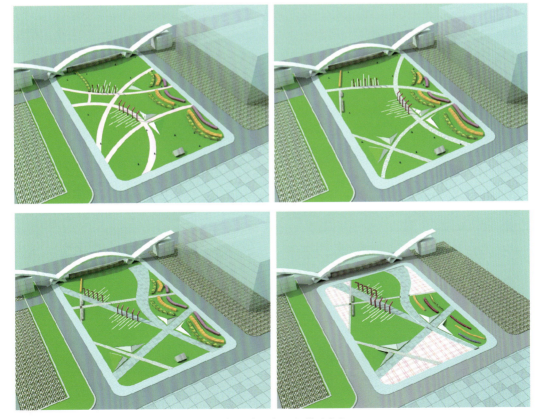

图4-63 方案设计历程（模型制作）

图4-64 连云港中等专业学校大门入口景观

图4-65 总体鸟瞰图

山的造型概念化，起
伏变化，形成韵律美
，作为地面装饰艺术

景观灯具，造型具有山墙的剪影效果，也有
欢迎击掌之态，如同走向成功之门，白天作
为景观小品欣赏，夜晚可以作为亮化照明，
造型上设计了校园的校徽作为装饰图案，增
添了校园文化气氛和山海文化理念。

海洋文化和古代汉字结
合，体现了传统文化与
现代海洋文化高度融合
的设计理念。

利用现代设计手法表达
山的概念，并赋予地域
文化内涵的图形图案，
有利于文化的传练与传
常，具有隐喻教育意义

图4-66 景观节点分析

景观灯上的设计图案吸收了学校的校徽设计，体现了山海文化和校园文化，白天景观灯点缀与装饰休闲空间环境，采用对称布局，形成强烈的秩序感；其造型又起到勾画入口景观轮廓的目的，增加了学校场地的设计情趣与氛围。灰色的草坪灯主要用于衬托景物，造型不宜过高，强调灯光视觉效果，安装考虑隐蔽性。

文化景墙，即文化石贴面挡墙与斜面草坪结合，犹如一个点拉伸形成的锥体形态，形似山峰，借助土地作为大地艺术景观材料；文化石贴面上装饰将军岩画，其效果犹如剪纸艺术制成的景观小品，利用传统与现代技术满足地形艺术表达（图4-67）。

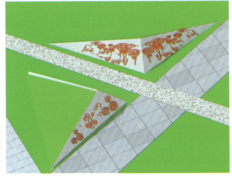

图4-67 景观小品设计(景观灯、景墙浮雕)

（设计:邢洪涛）

Landscape
Design

第五章

城市公园景观建筑
设计与案例

第一节　城市公园景观建筑设计构思与方法

　　城市公园建筑一般位于城市公园范围之内，经专门规划建设的景观建筑，虽占地面积小（一般占公园面积的 2% 左右），却是公园重要的组成部分，集使用功能与观赏性于一体，成为空间的一个聚焦点。在使用功能上，城市公园主要是为市民观赏、休息、娱乐等活动提供必要的空间，并起到"观景""点景""组织游览路线"连接各景点的作用。在观赏性上，建筑作为空间中的造景要素，与山石、植物、水景等要素一起构成公园建筑景观。

　　城市公园的建筑是伴随着城市公园的建设和人们日常活动的需要而产生的，市民在游览的同时可以游憩、赏景，在营建的过程中，为现代公园更具中国地域文化特色，可潜移默化地把中国造园理念和方法运用到现代公园的设计建设之中。

一、城市公园建筑设计的构思

（一）体现人性需求

　　景观建筑应满足人在景观建筑中的活动需求。景观建筑分布于公园之中，满足大众对自身城市面貌的认识需求。城市公园设计为现代人提供了休闲、娱乐、生活等良好的空间环境，侧面反映了社会的物质和精神生活，人们的时尚观、审美观都会影响到公园的建筑设计，设计时应考虑现代人的审美要求、行为模式、功能需求等。据调研，现代景观建筑中人们的主要行为有运动、休憩、散步等，以休憩为主，体现为"坐"这种重要的行为，而这种行为对周边的环境有较高的要求，需结合人体工程学进行合理设计，考虑不同人群，让使用者感到设计的温馨和人性关怀。

（二）强调传统文化

　　景观建筑应表达古朴的民风和人文精神。首先在建筑形态材料上注重使用本地的木材表达，以展示木材本色，不事矫饰，达到古朴、淳厚的效果，让木材无声地回应着传统，利用材料自然的纹路、色泽，追求自然亲切的韵味，使人在古朴的建筑中找到亲切感，体会深邃的意蕴。其次古朴的传统感还表现在，地域传统建筑和我国园林建筑以诗词为表现的匾额、楹联等文学媒介，它们激发了人的共鸣和联想，成为建筑表现的一大特色，突出了园林的诗情画境。

（三）注重地域特色

　　景观建筑应表达灿烂的地域特色民族文化。该地域的民族图案图形、民风习俗、民居是多年文化的积淀，它存留在建筑和城市中，或融会于人们的心中，形成当地的建筑文化。在因地制宜创作具有时代特点和地域语言的建筑环境时，要把地域文化特征作为设计依据，注意地域的传统气候植被、民俗乳水交融的特点，结合当地文化元素，使建筑能够在自然环境中呼应地方环境，巧妙地结合自然环境，创造具有自然特性和文化艺术性的建筑形态。在建筑造型风格上，主张地域特色建筑与中国传统园林建筑相融合，力求把公园与民族地域性传统建筑结合起来，利用现代结构构造，营造空间形态丰富的景观意境及壮实饱满的民族意趣，建造出符合本土文化内涵要求的建筑景观，使地域文化得以传承发扬。

（四）增进自然和谐

景观建筑应追求建筑形式、功能与环境相协调，强调顺应自然，将人工的东西融入自然，尊重场地的自然环境和地区的历史文化，使建筑与自然环境、人文环境有机结合，力求建筑与地域环境协调并存。现代城市公园中的建筑很少像现代建筑那样突兀、张扬地显示自身的造型，而是在色彩搭配、形态构成、体量比例方面与周边环境自然和谐地融为一体，强化和升华了自然美，成为优美自然环境的有机组成部分。

二、城市公园建筑设计的方法

（一）相地

《园冶》相地篇中说"相地合宜，构园得体"。建筑在公园景观中的选址与营造一个园的方法是相同的，其地理因素如土壤、水质、风向、方位选择得合适，才能为景观建筑具体组景，创造优美的人工与自然景色。在现代城市公园中，往往由于没有现成的风景资源可利用，虽有山林、水域等造园条件，但景色平淡，还是需要设计者参与营造。在设计中，主张自然与生态结合，因地制宜、因地就势，不破坏原有自然环境，尽量保留原地标，本着对自然山形的尊重及周边生态的重视，满足项目的基本设计诉求。选址遵循因地制宜的原则，提倡"自成天然之趣，不烦人事之工"的设计理念，在研究传统园林造园方法的同时，寻求适应该城市条件的新方法，达到继承性地创新的目的。

（二）布局

景观建筑首先要考虑其交通、用地及景观要求，以及布局是否合理等，这些都直接影响到景观的意境和地域性景观建筑的表现。依山而建、依水而建、平地而建的景观建筑，应使之与整个公园的总体布局相统一，达到因用制宜的效果，以满足游赏需求。景观建筑一般主要有亭、廊、塔、榭、大门等，这些建筑起着连接各景观节点的作用，为人们的休闲、娱乐、散步、旅游等提供了一个良好的人文环境和公共空间，使公园成为和睦、安全、舒服的环境，使人们来到此处即有归属之感。（1）依山而建的景观建筑。《园冶》所论："高方欲就亭台，低凹可开池沼"，利用地形的起伏变化，巧妙修建建筑往往能使视线在水平和竖直方向上都有变化，建筑随山形高低起伏，使建筑立面构图更为丰富，其造型要求精美、有新意、突出主题。（2）依水而建的景观建筑。依水而建的景观建筑的立面向水面展开，在构图上使建筑尽可能贴近水面，有利于临水观景。临水建筑一般设计得小巧玲珑、丰富多变，可以结合场地环境设计形态各异的景观建筑。（3）平地而建的景观建筑。作为环境中的一种点缀和标志性建筑，其造型设计与周围环境融为一体，突出建筑的屋顶造型、墙体色彩、材料质感、纹理及细部的艺术处理等。

（三）建构

建构是对结构和建造逻辑的表现性形式。作为人们公共活动区域的城市公园景观建筑，要体现地域特色，就要创作个性化和与众不同的建筑形式，以外在形象来反映内在文化品质，为整体环境起烘托和陪衬的作用，使得骨骼明晰的园林环境更加有血有肉。城市公园建筑要因材制宜、因建筑制宜、因景制宜，在建筑造型、构造、用材、用色、装饰、配景上协调、过渡，自然而不造作，来营造建筑整体造型风格以及体现特色的景观建筑细部设计。

第二节　中国园林建筑意境营造研究

建筑形象具有抽象性、朦胧性，而意境恰好最适于表现特定的境界和氛围，建筑在意境创造上具有氛围表现的契合性。在建筑实践中，意境的创造有着独特的体现。我国园林建筑，传统上注重意境艺术的创造，寓情于景，触景生情，情景交融，这样才能给观赏者丰富的信息与感受。

一、建筑意境创作

园林建筑创作强调景观效果，突出艺术意境创造，但绝不能理解为不需要重视建筑功能，在考虑艺术意境的过程中，有两个最重要、最基本的因素必须结合进去，否则，景观或艺术意境就会是无本之木，无源之水，在设计工作中也就无从落笔。这两个最重要、最基本的因素是：建筑功能和自然环境条件。两者不是彼此孤立的，在组景时需综合考虑。

构成园林建筑组景立意的另一重要因素是环境条件，如水源、绿化、山石、气候、地形等。从某种意义上说，园林建筑有无创造性，往往取决于设计者如何利用和改造环境条件，从总体空间布局到细部处理都不能忽视这个问题。《园冶》所反复强调的"景到随机""因境而成""得景随形"等原则，在今天的园林建筑设计中仍具有现实指导意义。大连海滨星海公园的风景点"探海"，是一个天然洞穴，从山头蜿蜒而下直通海面，当人们通过狭窄、幽暗的洞穴摸索绕行，最后到达海滩洞口的时候，一望无际的广阔海面奔涌入眼帘，冲击石岸的怒涛声声入耳，人们无不被这大自然的美丽景色所陶醉。

二、建筑山水意象

构成建筑意境的意象，在景观性质上可以分为两大类，一类是人文景观意象，另一类是自然景观意象。人文景观主要以建筑自身为主题，包括亭台楼阁、殿堂轩榭、门洞漏窗等，也包括曲径小桥、几案屏风、器玩古董等室内外环境的其他人文景物。自然景观则包括青山绿水、林茂修竹、云雾烟霞、鸟语花香等。建筑意境的景观构成通常都是人文景观与自然景观的融合体，在不同的建筑类型和景观场合中，人文景观与自然景观的配合比是不同的。古人写的建筑游记中，人们透过建筑所获得的意境感受中，山水自然景观意象往往占据着突出的地位。欧阳修写的《醉翁亭记》，对亭子建筑本身，也只是提到"峰回路转，有亭翼然，临于泉上者，醉翁亭也"，简单的话语中，连对亭子的基本造型都没有介绍。他在醉翁亭所获得的意境感受主要是山水的朝暮、四时的景致。他明确表达了"醉翁之意不在酒，在乎山水之间也"；但是他又接着说"山水之乐，得之心而寓之酒。"可以看出，许多场合下的意境虽然在乎山水之间，实际也关联着建筑，醉翁亭在这个意境中是起着观景、点景的作用的。

三、建筑诗境画意

在《园冶》中有"轩影高爽、窗户徐邻，纳千顷之汪洋，收四时之浪漫"；"萧寺梵音到耳，远峰便宜借景，秀色堪飱，紫气青霞，鹤声送来枕上"；"溶溶月色，瑟瑟风声，静拢一榻琴书，动涵半轮秋水，清气觉来几席，凡尘顿远襟怀"等句。在这些描述中，作者把远山、萧寺、花卉、云霞、鹤声、月色、风声、梵音、琴书等各式各样的形、声、色、味组景因素都点了出来，目的就是为了加强富于艺术意境的园林景观效果。如南宁市江南公园风情长廊的"曲廊探胜"楹联："远望青山绮霞半祥云，近临邕水清波聚福海"；"江南到处绿映红画卷长展，邕州自古树间花景物相宜"；"夏日蝉声如长调曲曲激昂，秋月蛙鸣似短诗阕阕高亢"，以简洁、朴实的语言，构画出南宁景色的无限美好，展现出骆越壮乡文明千姿百态的繁华景象，把景观环境中地域特色的山水意象、花木意象和风云意象都捕捉得淋漓尽致，以突出景观建筑环境的诗情画境和环境特色。

四、建筑虚实之景

关于意境中"实境"与"虚境"的相生关系，宗白华有一段话讲得很明确，他说：艺术家创造的形象是"实"，引起人们想象的是"虚"，由形象产生的意象境界就是虚实结合。在园林建筑景观当中，注重实景与虚境的空间关系，把景物客体当中有形、有色、有声、有味中的"有"部分看作实景；把景物客体中无色、无味、无声中的"无"部分看作虚景。

（一）隔

"隔"是造就幽深景域的重要手段。《长物志》说："凡入门处，必小委曲，忌太直。"传统住宅与园林建筑的入口处，大多运用"隔"的手法，创造入口"奥如"的境界。苏州园林的入口处，也常以山石、粉墙、花窗屏蔽，如拙政园腰门内侧以黄石假山为屏，鹤园门厅内侧以粉墙花窗为屏。"隔"的做法不仅限于入门处，而是奥如景域的普遍构成方式。实际上，隔景是园林中一种分隔景区的手段，其本身不具备风景的内容，但是分隔以后各区形成了不同特色，空间被划分之后，分隔的景区之间仍有联系，增加了景观层次，避免景物一览无余，造就景物一层深一层、空间一环扣一环的格局，突出了景观视觉范围时空的深邃特色。

江南园林用院墙分隔空间的比较多。常见的是波状起伏的"云墙"。拙政园的远香堂东南处的墙头上用灰瓦装饰，很像龙鳞片，两端装饰龙头龙尾，所以称之为"云墙"。墙西是进门的黄石假山，墙东是琵琶园。假山近琵琶园处，山势转折而怒出，恰将进园的门洞挡没于视线之外。从牡丹花坛折而南望，才发觉墙角一处幽静的小院，因一墙之隔院内外景色迥异，在移步中感受不同的空间体验。实墙之外也有用布满漏窗的隔墙的，如北京颐和园的"水木自亲"隔壁，有一条灯窗墙，上面设计了很多简单生动的图案，窗面镶有玻璃，供照明与分隔两用。在明烛之夜，窗光倒映在昆明湖上，水光灯影，颇有趣味。

（二）借

借的过程即创作的过程，是构思的过程。园林设计是实实在在的山水创作，与山水画创作一样，强调"意在笔先""胸有丘壑"。要解决借景问题，就要在立意上下功夫，通过实地考察和穷思梦想的构思，构想出独特的、天趣盎然的境界。

计成在《园冶》中提出："因借无由，触情俱是。"对于借景，计成认为"景到随机"，他是从空间、时间和各种各样的景象上开展宽泛的借景方式，收纳借景对象。（1）空间上借景，主要有俯借、仰借、邻借、远借等，俯借，站在园中高处俯视远眺园外的景物；仰借，把园外较高的景物借到园中来。（2）计成重视"高原极望，远岫环屏"的远借景，强调"远峰偏宜借景，秀色堪餐"；同时主张"得景则无拘远近"；"倘嵌他人之胜，有一线相通，非为间绝，借景偏宜；若对邻氏之花，才几分消息，可以招呼，收春无尽"，如北京陶然亭公园接待室，于右侧湖面上设置竹亭曲桥作为俯借对象；邻借体现景观的相互陪衬和有机联结。时间上借景，计成强调借景"切要四时"，把握和捕捉不同季节的景观意趣。春天有"花香、细雨、飞燕、眠柳、桃花"；夏天有"荷花、林荫、溪湾、观鱼"；秋天有"枫林、菊花、落叶、湖平、山媚"；冬天有"寒梅、白雪、寒雁"；做到一年四季都有应时景致可赏，借以突出园林的季节景观特色。（3）自然与人文景观借景，利用丰富的自然景观和人文景观做到"景到随机"地纳入园林取景。有视觉感受的湖光山色、花姿竹影；有听觉感受的莺歌鸟语、梵音樵唱；也有嗅觉感受的"冉冉天香、悠悠桂子"，可以说是形、色、质、声、光、味的综合性因借，大大浓郁了园林环境的自然情趣和悠然气息。

（三）框

从"轩楹高爽，窗户虚邻，纳千顷之汪洋，收四时之烂漫"中可以看出楹联门窗所起到的景框作用。充分利用楹联门窗在取景中的剪辑效果是传统园林重要的造景手段，因为有不少景观是透过观景建筑的门洞、窗、檐柱、栏杆、楣子所组成的框景，把景物收在视域范围内形成一幅画面，成为景物的观赏面。

框的主要手段是"视点—景框—景物连成一线"，形成园林空间景象在纵深线的延伸，如广州越秀公园花卉馆景窗，它在廊墙上，前有内庭后有野景，人在亭内赏花时，漫步窗前透视庭外竹林登道野景，别有一番情趣。这种开窗的中间是虚敞，观赏者位置比较固定，窗与景犹如一面镜子，有利于静态赏景。

另外就是利用门洞为框景，运用门洞隐现出来的景物作为观赏之诱导，即以园门为景框，利用门位和门形构图轮廓，门内安排一组景物，如假山、孤石，花草树木、瀑布等纳入门景画面，使之成为园林富于画意的景物造型。著名的有苏州拙政园东部，从枇杷园门看"香云蔚亭"或自"别有洞天"看"梧竹幽居"。

游人在园林赏景时，由于动中观景，视线不断移动，景物与借景对象之间的相对位置也随之变化，视觉画面也出现了多种构图上的变化，称为流动性框景。如沿着围墙或长廊一边有墙的单面廊，墙上以一定距离开设各式窗孔，廊柱之间形成框，人在廊中行走时可以从每个窗口看到窗外不同的框景或廊柱形成的框景，一幅幅框景在变化之中，很有音韵律感。比较有名的就是颐和园的乐寿堂庭院，它在临湖廊墙上设计了一组形状各异的漏窗，以流动框景的手法，借昆明湖上的龙王庙、十七孔桥、知春亭等景观，这段湖廊是以乐寿堂为中心通往长廊的过渡空间，一进入长廊，广阔的昆明湖尽收眼底，通过框景勾勒出各种精美的画面。

（四）曲

"曲"与幽深有着密切的联系，传统园林为取得幽深境界，在"曲"字上做了不少文章，曲径、曲廊、曲桥、曲岸、曲墙等，古人云："境贵乎深，不去不深也"，挖湖凿池须"曲折有情"；叠山堆石须"蹊径盘且长"等，为了打破直线过长的单调感，避免景物的直、浅、露，故设置曲折的道路、桥、廊、岸、厅堂，如上海皇城庙九曲桥，饰以华丽的栏杆与灯柱，形态绚丽，与庙会时的热闹气氛相协调。

"曲"的表达在传统园林艺术中还有助于消弱"宏大"和淡化"人力"感，逶迤的假山，蜿蜒的溪流，迂回的蹬道，曲折的桥，盘曲的池岸，随行而弯、依势而曲的游廊，既阻隔视线的通视，拉大游程的距离，又增添景观的层次，消弱空间尺度和人工痕迹，显得小巧玲珑，富有自然之趣，达到"虽由人作，宛自天开"的意境。

曲线的意象美感对古人的造园艺术营造产生了深远的影响，造园者对"曲"的使用是匠心独运，直入化境，其设计意匠源于中国哲学思想。中国传统园林讲究的是含蓄，园林艺术表达是缩小的自然真山真水的意蕴，因而在空间处理上仅对人流加以引导和暗示，做到"曲"中有理、有度、有景，使观赏者不断变换视线方向，起到移步换景的作用，增加景观深度感。

五、结论

园林建筑意境来源于园林景观的综合艺术，给观赏者"情意"方面的信息，即在"诗意"和"画意"之外的意，使人感觉到一种"建筑意"的愉快，唤起以往的记忆联想，生出物外之情、景外之意。意境作为中国古典园林建筑景观的特殊元素，对于园林景观的创作来说，要赋予建筑灵魂、生气、情思，才能使建筑意境含蓄、情致、深蕴、魅力、引人入胜。

第三节　徐州黄河故道显红岛遗址公园景观设计方案

一、项目概况

本项目改造设计范围是黄河故道汉桥北附近的显红岛（图5-1），南北长约100米，东西长约90米，项目规划用地面积约9000平方米。显红岛地形起伏变化，场地中部为起伏的山丘，总体是北低南高的趋势，沿河周边主要为平地，多为植被覆盖区。地面标高大致为68.20~73.68米。

徐州市，简称"彭城"，是江苏省第二大城市，苏北地区最大的城市，也是中国第二大铁路枢纽。徐州历史悠久，6000多年前，徐州的先民就在此生息劳作。

原始社会末期，徐州就被列为九州之一。尧封彭祖于今市区所在地，为大彭氏国，徐州称彭城自始起。徐州也是两汉文化的发源地、中国佛教的发源地，有"彭祖故国、刘邦故里、项羽故都"之称，有汉文化、楚文化等，为传统文化聚集地。

位于百步洪南的显红岛，原为故泗水中的一处由激流冲刷起的泥沙沉积而成的沙洲，北宋苏轼知徐州时名为中洲，后因民间传说熙宁十年黄河决口入泗，苏轼带领州民抗洪时，苏姑为救满城百姓献身黄河，徐州百姓在沙洲上捞得苏姑红袍，因此后人将此沙洲命名为显红岛。2006年徐州故黄河风光带建设工程中，显红岛是一个亮点。在岛的东侧建设了仿古拱桥，仿古拱桥为三拱桥，桥长46米、宽4.2米，是连接显红岛与显红岛东岸路的一座桥梁。

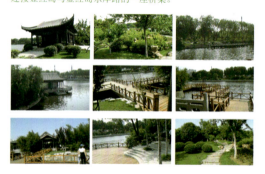

图5-1　场地区位及现状

二、构思立意

显红岛的改造以江南园林建筑和徐州地域文化为背景，营造"徐派园林"风格，建成继承发扬传统文化的实践教育基地。其建设对完善城市综合功能、改善人居环境、进一步拓展城市空间、树立城市形象等方面都起到积极的促进作用。中轴线以台阶的形式抬高主景，形成观赏景物的制高点，也成为景观序列的高潮，因此，岛上建筑风格不仅要求造型精美、有新意，还要求呼应地域文化，赋予显红岛新的精神文化内涵（图5-2、图5-3）。

图5-2 设计构思与方案草图

① 诗韵广场
② 多景台
③ 起云台
④ 显红亭
⑤ 听涛码头
⑥ 古韵流芳
⑦ 鱼跃鸢飞
⑧ 福顺亭
⑨ 观渡亭
⑩ 云集轩
⑪ 碧浪榭

图5-3 彩色平面图

　　显红岛采用中轴线的景观规划设计手法进行空间分割及创造（图5-4~图5-9）。园林景观建筑布局以点景和群体组合的开放性空间为主，其功能主要以休闲、观赏、娱乐、游憩为主，营建具有水墨丹青雅致的建筑风格（图5-10）。

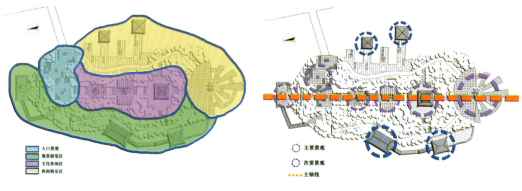

图5-4　功能分析

图5-5　景观分析

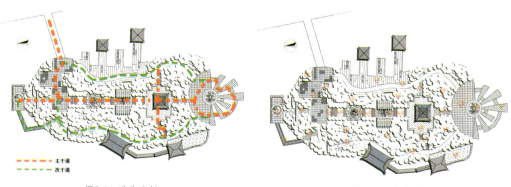

图5-6　道路分析

图5-7　竖向分析

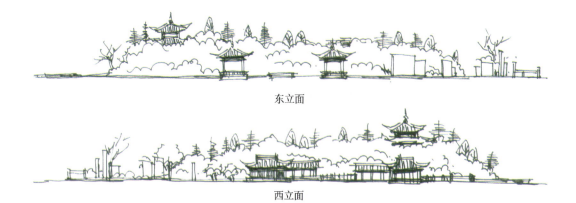

东立面

西立面

图5-8　立面图

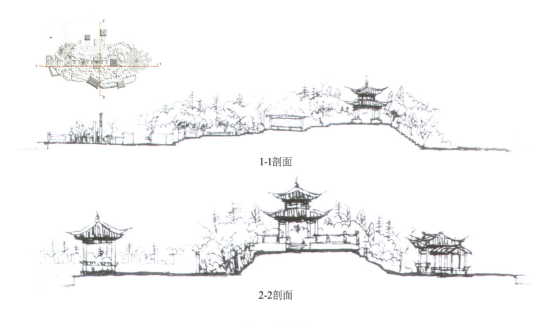

1-1剖面

2-2剖面

图5-9 剖面图

图5-10 黄河故道显红岛方案设计鸟瞰图

这些风格的设计理念主要符合以下三点：首先，景观建筑模式符合徐州当地气候条件。其次，景观形式符合本地人的审美需求。第三，园林景观小品符合徐州本土文化内涵的要求。

"青林垂影，绿水为文。"北魏杨衒之在《洛阳伽蓝记》中的这句话，概括地表达了水面倒影的迷人景色。观渡亭、富顺亭借助水的特性，形成生动的倒影，亭影波光，变化莫测，丰富了水面的层次感和观赏效果，为游人提供了观赏水景的立足点，令人有身在水中之感（图5-11）。

图5-11　观渡亭、富顺亭亲水景观效果图

　　结合显红岛的空间形态及其走势，构建岸边的轩、榭、廊等建筑，三者结合组成错落变化的建筑空间，突出强调建筑环境与景观的契合，水边的景观建筑仿佛漂浮于湖畔，既点缀景观，又丰富岸边的天际线（图5-12）。

图5-12　云集轩、碧浪榭滨水景观效果图

　　通过因地制宜改造岛上的地形环境，结合建筑造型、位置高低、前后视距、线条轮廓等，塑造具有特色的台地景观空间，本案以显红亭为全岛的制高点，具有强烈的中轴线的对称空间艺术布局，景色宏伟壮丽（图5-13）。

图5-13 多景台、起云台、显红亭效果图

三、交通组织

岛上园路分为主园路、次园路和登山步行道三类。各景点、建筑均沿主园路设置，再由次园路连通，把园内各景点联系起来。园区内的交通组织是相互联系和连接的，形成一个相互呼应、相互联通的建筑交通网，游人可以自行选择不同的游园路线。

四、景观材料

园林景观材料以青砖、黛瓦、白灰、木材、青石板为主，内部装修主要使用防木铝合金窗门及清玻璃等，营造朴素淡雅的风格。

（设计与制作：邢洪涛　张珊）

第四节　南宁市江南公园景观建筑设计方案

一、公园现状

江南公园位于南宁市江南区，该项目规划用地范围：西临壮锦大道，东靠南糖铁路，南临江南区政府，北接规划中的亭洪路延长线。东西长约1300米，南北长约720米，项目规划用地面积61.16公顷。基地地形地貌以丘陵、盆地为主，地势呈西高东低，西部是山坡，东侧以农田和水体为主（图5-14）。最高点高程为125.33米，位于规划区西部的石子岭顶部，最低处高程为77.60米，位于规划区东部盆地，相对高差为47.73米。

图5-14　江南公园现状

二、 设计理念

　　人性化的设计，创造多样化的休闲游憩空间，满足新时代人们休闲生活的需求。引入示范型生态景观理念，关注时代主题，体现当代人关注环境、保护环境的意识。挖掘当地文化资源，突出场地建筑文化的内涵与特色。生态方面：保护马鞍岭山体，在梳理原有植被的基础上进行植树造林，借鉴自然生态环境的群落，营造独具特色的热带观赏植物群落。建筑方面：在历史文脉中注入新的生命，提炼广西的地域性建筑元素和民俗文化元素，展示广西的民俗文化、建筑文化，赋予公园以新的内涵和更多的地方风味，使历史的记忆得以延续。

三、 总体设计布局

　　总体布局以山体为背景，以湖面为中心，通过规划景观设计与建筑设计，重新整合场地山形、水体、叠石、植被等自然资源，恰如其分地把各个主题园及景点沿主园路布置，犹如散落的珍珠分点式地散布于丛林之中、湖水之滨，以达到"山水与环境、建筑与生态共生、共存、共享、共乐、共雅"，天人合一的环境理念（图5-15~图5-18）。

图5-15　江南公园规划总平面

图5-16　江南公园规划(功能分析)

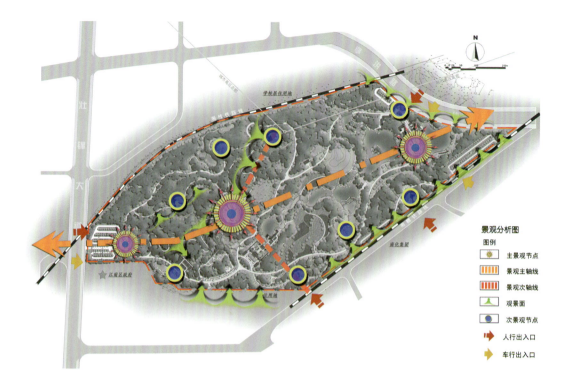

图5-17　江南公园规划(景观分析)

图5-18　江南公园规划(标记部分为本文所述观赏游览区)

四、设计特点

观赏游览区位于江南公园西部的几个丘陵上，山林地形变化丰富。本着全面保护、合理利用、生态优先的原则，避免大规模地开挖山林，结合现状地形和植被，沿着等高线设置次园路连通山上的主要景点，根据山的坡度、坡向精心设计园林建筑，依地势设计有高有低、有隐有显、错落起伏的建筑景观，在山顶视野开阔处建有景观塔、亭、廊等，建成后可远眺公园内景及公园周边景色（图5-19）。

图5-19 游览观赏区局部建筑布局图

在建筑的相地与选址设计时考虑了气候、朝向、地质、引水等自然因素，如设计风情长廊依山而建，以保持原地形地貌为前提，采用跌落式，建筑借地势起伏错落组景，以山林为衬托，画面成自然式风格；在设计赏心亭、状元桥、风情长廊朝向时都考虑了向阳地段，阳光阴影有助于加强建筑的立面表现；利用地形的特点，在石子岭上设计了泉水源、清水溪涧，溪水经过状元桥流向东侧的水景区，其组景颇有雅趣。

从设计上看，建筑选址还要注意微观环境因素，利用借景手法把景色纳入画面。笔者在设计观赏游览区景观建筑时考虑了自然的山光水色、植物的四季变化、花姿竹影、雨打芭蕉、莺歌鸟语、花卉幽香、涓涓泉水声、云烟缭绕的天气等，以体现"景到随机"地纳入建筑内取景，从视觉、听觉、嗅觉，全方位、综合的因借。目的是在色、形、声、香、光等各方面增添情趣，最大限度浓郁江南公园的环境和乡土气息。

景观建筑主要分布在大李坡、石子岭、马鞍岭上。在规划设计景观建筑时，布局和材料特别考虑了山地特征、热带气候及雨量充沛问题，注意其布局开敞，以利用空廊、门洞等"景框"手段，使空间彼此渗透，增加空间层次，利用自然条件营建具有特色的干栏式景观建筑。如风情长廊、缤纷长廊、文峰亭、赏心亭、明珠塔、状元桥，远观整体轮廓优美，将人们的生活情趣引入自然，使湖光山色生辉，同时这些建筑有大有小，其个体造型优美，符合民族地域特色（图5-20）。

图5-20 游览观赏区局部建筑鸟瞰图

(一) 风情长廊

风情长廊依石子岭丘陵东侧坡地，建筑依山势呈阶梯状跌落并沿等高线布置，依山坡蜿蜒而上，廊身处理成层层叠落，高低起伏，随势转折，视点随着建筑曲折变化在不断变化，加之柱子之间形成流动的框景，达到了移步换景的目的。在构图上高低、大小、收放对比适宜，空间富于节奏和韵律感（图5-21）。

图5-21 风情长廊

　　风情长廊在构架上有抬梁式和穿斗式交融的现象，整个木构造浑然一体，除了屋顶采用瓦、柱础采用石料外，其他部位均不用铁钉全靠榫接而成，构件之间紧密相连，相互支撑，抗震性能好，具有适用性和以不变应万变的特点，通过建筑构件间的连接穿插来适应坡地地形，营造了干栏式建筑的挑、架特色（图5-22）。

图5-22　风情长廊

　　风情长廊入口石牌坊把壮锦图案和汉族图形相结合，并将其雕刻在枋、横梁、须弥座、雀替、柱、枋、抱鼓石等表面，使我国的传统图案、壮锦图案、花山崖壁画通过浮雕、线刻、透雕、圆雕等传统工艺在此得到传承与表现，突显出朴实、精巧细腻、雅典大方等特色。这些景观建筑在设计时参考了汉族与广西本土建筑，既具有景观建筑特点，又适应岭南建筑结构特征和气候环境。

（二）　缤纷长廊

　　缤纷长廊建于马鞍岭上，呈"回"字形，有回归自然之意，把建筑实体部分与虚的部分放在一起创作，形成院落感，通过这种特殊的院落创作出流动的空间，体现岭南园林的造园特色（图5-23）。缤纷长廊景观建筑入口造型采用了广西灵山苏村民居镬耳状封火山墙的元素，其墙体重现弧形，顶部被波浪形的瓦片覆盖，具有流动之感，特别是墙体立面上垛头的处理使墙体的立面层次更加丰富多彩。

图5-23　缤纷长廊

（三）　文峰亭

文峰亭位于明珠塔北侧，是公园中位置最高的景观亭，方便游人登高休憩观景之用，为公园增添了诗意，同时也是对游览路线加以引导和暗示，立于此亭可以远观、俯观整个园区的景色，营造了"江山无限景，皆聚一亭中"的意境（图5-24）。

文峰亭上的图案装饰，主要从壮锦和铜鼓上提炼而出，加上原木色和白色屋脊、屋檐，突出古朴、素雅的效果，表现其亲和力。

由于受中国人文画家的影响，中国园林植物追求"古""奇""雅"，讲究近玩细赏，亭子旁边的花树配置，更是讲究花树姿态与植物色彩的搭配等，以便达到"花好须映好亭台"的效果。

（四）　赏心亭

硬山形式的赏心亭（图 5-25）处于石子岭丘陵之南，位于状元桥和风情长廊之间，形成了互为邻借、对景的效果，赏心亭在公园中起到点缀作用，此亭造型别致，突出的色彩、纹理、质感吸引了游人目光，起到画龙点睛的作用。同时利用水波光水影的特点，产生动静相间的效果，增加了园林景物的层次，正如杨万里《池亭》诗所说："小沼才阶下，孤亭恰小边。揩磨一玉镜，上下两青天。"这些临水布局的景观建筑，充分反映了广西地区建筑的特色，结合该地区河道纵横的特点，将建筑与环境有机融合为一体，建筑与地形地貌相互依存，体现了浓郁的地方性，形成鲜明的民族地域特色。

图5-24 文峰亭

图5-25 赏心亭

赏心亭将传统园林建筑语言月洞门与传统民居镬耳状封火墙有机创新组合，墙体四面通透，此举大胆突破常规，对传统的形式加以创造加工，既具有传统的元素，又具有现代感，且表现出强烈的时代感，符合现代亭的设计特点及现代审美的要求。在赏心亭屋顶的正脊和山墙顶部两端都装饰有不同形式的"回纹"构件，在山墙的月洞门和山墙边缘涂上了灰色装饰线，并在山墙的垛头处画有卷纹图形，这些都增加了景观建筑的立面视觉效果。赏心亭不受约束地按设计意图塑造其形象，使现代公园景观建筑风格与传统呼应，既有民族风味又有地方特色，为岭南地区的园林建筑造型增添了新的形式，特别是把园林景观中的传统建筑创新运用到现代公园景观之中，营建了轻盈细腻的岭南风格和民族地域特色。

（五）明珠塔

明珠塔设计在公园石子岭丘陵之巅，此地是园中最高点，在公园中起到控制点的作用，成为人们视觉的焦点，加之明珠塔本身的高度，这些都决定了其是整个公园的制高点，也是公园东西环园山路的中心位置，站在园内各个景观建筑点上都可以通过远借把塔引入画面，登上明珠塔还可以远眺整个园内景观，"招摇不尽之春"，明珠塔成为公园最佳的观景点（图5-26）。

图5-26　明珠塔

　　粉墙黛瓦的塔身屹立于层峦叠翠的山峰最高处，为整个公园增添了一份神秘感，也给游人提供了一个可识别方向的标志。建筑中设计有吊柱，在下垂柱头 30 厘米处雕刻花纹，形状似灯笼，图案规整，线条流畅，与整个建筑风格相协调，成排的雕花柱头连成一体，增加了木结构建筑的悬吊感，明珠塔运用了砖木混合结构，将干栏木构屋架与现代砖材料有机结合，体现了构造技术的多元化。

（六）状元桥

　　状元桥在设计上大胆创新，以广西少数民族中具有交通功能的风雨桥为蓝本，适宜南方雨水多、日照强的特点，状元桥设计在石子岭之南（图 5-27），与明珠塔在一个景观轴线上，形成上下对景关系。状元桥的主体是四跨半圆形的大石拱券，桥呈"凸"字形展开，层层叠叠的屋顶，造型丰富、生动、朴实无华，使水中倒影更有层次和变化。其特点是车和人来往自如，游人也可登上桥顶乘凉、聊天、休憩，观赏周边景观，让人感悟风雨桥、侗族鼓楼的建筑意象，在观景的同时，也作为景点为城市公园平添佳趣。结构方面，状元桥密檐与攒尖屋顶组合，而屋脊处理上，正脊、垂脊、戗脊都采用直线，檐端采用曲线，集中体现了穿斗式建筑与砖混结构的建筑特征和优美的轮廓线，强调多元共生的理念。

图 5-27　状元桥

　　这些视为点的景观建筑错落有致地在公园中分散布局，曲径通幽，体形虽小，但互相邻借，容纳于整个公园的山石之间，是整体环境的点睛之笔，通过这些景观建筑的相互连接使建筑物之间形成了一定的轴线关系，互为衬托，让视觉构图富有变化而又和谐统一，为园外的居住区借景提供了园内景观陪衬，为园内的相互借景提供了铺垫，达到"精在体宜"的效果。作为公园中的公共建筑布局和组合，设计原则总结如下：

（1） 布局和组合上追求少而精，注重体量、明暗的对比。 （2） 建筑形式上，追求简而美和地域特色的建筑意象，注意相邻建筑空间的流通、渗透，丰富空间层次与秩序。

五、 设计特色

特色是事物所表现的独特的色彩、风格等，这里主要从用色特点、用材特点来阐述建筑的地域特色。色彩有冷暖、浓淡之分，各给人不同的感受，或是给予情感上的联想及象征意义。地域和色彩存在一定联系，不同的地理环境造就了不同的色彩表现。材料的纹理和质地感触强调的是一种气氛和感受，在景观材料表现上具有双重性，两者相互依存、共生。特别是地方材料的运用，体现了园林的地域特色，是地方文脉的一种延续，在公园建筑设计中展现地方材料的性能、色泽、形状等特征，可使建筑融于环境之中，有利于地域特色的塑造，如江南公园观赏游览区景观建筑，地域特色的塑造主要表现在以下几个方面：

（1） 用色特点。色彩的审美与运用是遵守多数人的感受决定的，由于不用的民族处在不同的地理环境和气候状况中，影响了他们对色彩的喜好，如广西南宁处于亚热带地区，气候潮湿，多雨，因此在如风情长廊、状元桥、缤纷长廊、明珠塔的色彩处理上设计了透明的防腐涂料以展示木材本色，既保护木材不受侵蚀，又体现色彩，协调地域环境，隐喻人文风情。赏心亭、明珠塔外观色彩偏冷、明度稍高，主要以天然木材和粉墙黛瓦相结合，而白色墙体又起到反射作用，增加了景观建筑内部的凉爽感，使整体色调上的黑白灰关系符合岭南园林的建筑特征。其格调雅致、纯朴自然，极具个性，符合聚集在广西南宁不同民族的审美情趣。

（2） 用材特点。选用了本地最普遍的杉木、椴木等木材，显示出地域特色的植被环境，这些木材具有耐腐蚀性、吸水性强、软而轻、易加工等特点，方便木构架建筑的装饰和梁、柱等构件的相接，以及合理布置柱点位置。对于屋面材料，屋面的椽皮用杉木制作，定于檩条上。屋面设计采用本地自产的黑色筒瓦，屋的正脊、垂脊、封檐板均为白色的石灰材料，保存了传统雅素的基调，富于浓郁的地方风味。石材选用了本土的灰色花岗岩，其特点是结实而厚重，天然石材以其独特的色彩、纹理、质感和艺术表现力，应用在景观建筑物的地面铺装和柱础上，可表达古朴性和肌理感，对营造平朴亲切的环境气氛起到重要作用。

（3） 综合特点。在景观中为了突出建筑物，塑造优美的建筑空间体型，设计建筑色彩与树丛时考虑了对比颜色的运用，为了强调亲切、雅致和朴素的气氛，在江南公园的景观建筑设计中，采用了"融"的手法，使建筑物的色彩与质感和自然山石、树丛相互融合。这样的处理使材料与色彩产生微小差距，色调亲近自然，创造出的艺术气氛才更具古朴、自然、清雅的效果。

通过对广西南宁江南公园景观建筑设计的实践，深深感到：城市公园建设包含了很多的内容，是一门复杂的学科，公园中的建筑只是现代公共园林规划设计中的一小部分，设计一个具有地域特色的城市公园景观建筑，不仅要注重地方传统建筑文化、建筑构件、造型特色，还要考虑自然环境、地域文化、建筑细部的工艺技术影响，巧妙地运用地形地貌、气候环境等来构成风格多样的公园景观建筑的轮廓线。在创新具有地域特色的城市公园景观建筑时，应当从传统建筑中学习、调整、接纳与传承其特色，应当坚持多元共存，相互交流、学习，寻找地域建筑与新建筑设计的结合点，创造出特色的、有新意的、有真情的，具有现代感又有民族风格的建筑，这样也是间接地对传统建筑的一种保护。在设计中，不相互否定、排斥，提高创新意识，塑造不同的视觉形象和建筑表情，为创作可持续发展的，具有时代性、民族性和地域性的典型建筑而不懈努力，从而营造一个富有地域特色的、充满生机的城市公园景观。

Landscape
Design

第六章

景观小品设计
及其案例

园林景观小品作为当代景观环境的组成部分，是景观环境中的一个视觉亮点，往往起到点缀、烘托环境和划分空间的作用，通过其独特的品质和性格，可为环境空间营造优美的景致，使园林意境更为生动，画面更富诗情画意。当代景观小品是随着人们新的活动方式和居住生活的改善而出现的，在公共空间中广泛使用的有电话亭、垃圾箱、座椅、宣传栏和景观雕塑等园林景观元素。

其设计原则是：第一，设计构思要从整体环境出发，设计造型要与景观整体环境协调一致。第二，要坚持"以人为本"的设计理念，设计的造型、尺度符合现代人的审美、功能需求。第三，注重景观小品的装饰性，对地域文化图形图案符号加以抽象提炼、消化吸收，发展地域特色的传统文化元素，使新设计的景观要素吻合大众对地域文化特色的意象，与现代景观环境融为一体，增添景观小品的文化内涵和观赏价值。第四，由于景观小品长时间放置于户外，产品设计时要加强对其安全性的考虑，如座椅设计的高度、宽度，坐面的材料使用等，都要仔细斟酌，方便儿童和老人使用，另外还要考虑座椅放置的间距是否满足交流空间的需求，确保使用者的心理安全和隐私需要。

一、信息栏

信息栏是一种 VI（visual identity，视觉识别）应用，属于静态的信息宣传服务设施，可以根据单位宣传的需求定期更换宣传内容（如优秀事迹、先进个人、安全教育、新闻等），其造型设计因环境而定，如江苏建筑职业技术学院（简称江苏建院）公寓区的宣传栏，采用了斗拱造型，并装饰有菱角圆形窗花、回纹、如意等图形，造型优美别致（图 6-1）。

图6-1 信息栏

二、标识及指示设施

该设施在景观空间环境中起到提供信息传播的功能，使人了解目前所处的位置、交通路线、景点规定等相关资讯，其设置地点要明确、醒目。布局方面，一般放置在主要的入口处,引导人们认识陌生环境、明确所处方位。风格上,要与周边环境的风格相统一。造型设计上,以现代简洁、新奇的环境特质体现景区特色或地域文化艺术形式为主。如徐州云龙湖景区标识及指示设施(图6-2),有定位标识、导向标识、信息标识等,这些环境设施常用图示、文字、记号等形式予以表达,它的特点是细部设计具有统一共性及区别于其他区域的个性,包括色彩、材质、造型等,特别是标识及设施上面的装饰图案(祥云、水纹),显得精致隽永,突出表现了云龙湖景区的特色。又如江苏建院标识及指示设施——信息(简介)牌,传达着关于校园各景点的相关背景信息,整体造型以回纹为基本元素,正面文字部分有回纹、五角星、斗拱,色彩采用灰色。该信息牌对校园建筑文化、军校文化、煤炭文化元素进行提炼并使之视觉化,从而将环境形象化、人情化,其采用现代艺术理念,创造出具有当代人文理念和审美气质,又符合江苏建院"三个文化"特征的优秀景观小品(图6-3)。

图6-2 徐州云龙湖景区标识及指示设施

图6-3 江苏建院标识及指示设施

三、候车亭

候车亭是城市公共交通系统中的"点"设施,是城市公交车停靠站点和乘客候车场所,候车亭在一定程度上反映了城市的文明和城市的人性化设计,同时也是城市软性品质提升的重要体现[1]。候车亭在形态、色彩、材质等视觉与触觉效果设计上,首先要考虑功能和空间的划分,其次要考虑该城市特色和地域文化,再次要具有良好的识别性和可视性。

---

① 毕留举.《城市公共环境设施设计》.湖南:湖南大学出版社,2010年,第146页。

　　甘肃庆阳城市交通空间公共环境设计采用具有地域特色的剪纸文化作为候车亭装饰设计元素，色调以灰色和红色为主，强化城市文化品牌，提升了该城市景观形象的文化内涵（图6-4）。

图6-4　甘肃庆阳城市交通空间公共环境设施设计案例(候车亭)

　　桂林城市交通空间公共环境设计主要以广西手工艺品上富有秩序感的壮锦图形和苗族蝴蝶图腾作为设计元素，提取纹样符号简化装饰在候车亭之中，并以鲜艳欢腾的中国红为主色，凝聚了现代艺术的光彩与魅力。在强调功能的同时，也体现了桂林城市交通空间公共环境鲜明的时代气息，蕴含着壮、苗之乡的传统审美情趣和当地热情、爽朗与纯朴的民族品格（图6-5）。

图6-5　桂林城市交通空间公共环境设施设计方案(候车亭)

四、景观灯设

灯具主要用于夜间照明，设计灯具不仅要满足夜间照明的使用功能，还要通过形式的创新与其所处的环境、风格相融合，在白天成为一道亮丽的风景线。如江苏建院公寓文化区景观灯柱，高约 2.5 米，造型为方形，色彩采用灰色与红色，上部采用汉代铜镜凤纹元素，下部采用回纹元素，整体感觉厚重具有安全感，体现了学校的校园历史文化和地域文化特色（图 6-6）。又如徐州云龙山公园的路灯，设置在登山踏步道路的两侧，等距离排列，形成强烈的序列感，外观造型简洁朴实，形似中国龙，线条优美，造型个性，符合该环境的特点（图 6-7）。再如泉山森林公园灯柱，高约 3 米，装置在公园主要出入口绿植之中，注重细部处理，其外观采用竹子、树叶作为装饰图案，极具装饰性，夜间照明时形成独特的光影效果，使之与环境相融合（图 6-8）。最后是徐州高铁站广场上的灯具，灰色外观与白色亚克力板结合，发光部分采用水纹图形进行装饰，造型优美灵动，照明光影富有特色，富有现代感和深厚的传统文化底蕴（图 6-9）。

图6-6 江苏建院景观灯　图6-7 徐州云龙山景观灯　图6-8 徐州泉山公园景观灯　图6-9 徐州高铁站景观灯

五、座椅

座椅是在园林景观中供人休息、交流、观赏的景观设施，既能作为休憩室外家具又能成为小区域环境中的一个小景致。座椅的设计一方面要满足人休息时的心理习惯和活动规律，满足人体舒适度的要求，另一方面要结合座椅所处的环境特点，来决定它的造型特色、颜色、座位数等。

如陈敏主持的甘肃庆阳城市景观小品设计方案中，座椅整体造型成 L 形，形成半私密空间，增加了靠背，体现人性化设计关怀，扶手从斗拱汲取灵感，体现地域文化特色。其造型和色彩在同一环境中协调统一，富有个性（图 6-10）。

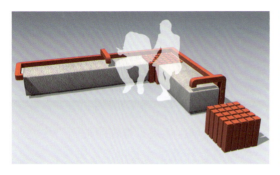 

图6-10 甘肃庆阳城市景观小品(座椅)设计方案

徐州汉文化景区景观小品休闲座椅设计方案以回纹元素为主题，以金属不锈钢作为造型材料，又特别设计了彩带造型，座椅结构运用了现代主义构成手法，用现代手法对传统园林景观小品进行重塑和创新（图6-11）。

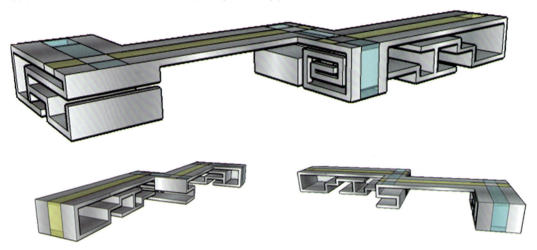

图6-11 徐州汉文化景区景观小品休闲坐凳设计方案

六、电话亭

电话亭的设计不仅要重视使用性，还要强调其艺术性。徐州汉文化景区电话亭设计方案，顶盖采用本土传统屋顶作为蓝本，色彩采用绿色和深灰色结合，图形设计有回纹、汉画像石纹，绿色代表生态、低碳，黑色代表苏北民居屋顶，体现了建筑文化、地域文化、生态文化和可持续发展的理念。设计整体上符合人体工程学，造型简洁有趣、实用，赋有形式感，结构新颖、灵活方便，实用性强（图6-12）。

图6-12 电话亭

七、 垃圾箱

垃圾箱的主要用途是收集公共场所垃圾，要便于投放和清理，造型要考虑和周围景观、公共环境设施的协调。本方案垃圾箱设计采用民居屋顶为顶盖，外立面图形采用植物叶元素，色彩采用绿色和深灰色结合，满足人们亲近自然的心理需要，从情感上拉近人与自然之间的关系，体现民族性、低碳性。材料使用不锈钢塑形，外观颜色为绿色和黑色，绿色代表生态、健康、生命，深灰色代表苏北民居屋顶，立面设计采用植物元素，底座图案来源于汉代回纹，彰显喜气、吉祥和欢快的氛围，使垃圾箱凝聚了现代艺术的光彩与魅力，体现鲜明的时代气息和地域文化特色（图 6-13）。

图6-13 垃圾箱

八、 雕塑

雕塑是一种具有强烈感染力的造型艺术，有具象的也有抽象的，它们来源于生活、反映生活，是具有一定寓意、象征或形象的观赏物。在景观空间中，一般通过雕塑小品表达相应主题及历史文化内涵，借以表达艺术构思、艺术格调和审美情感。

刘艺杰教授设计的甘肃庆阳《香包》雕塑，强调了这种带有强烈民族化的元素，并将原始形态经过梳理变形，重新将它们构筑成一种新的构成形态，并且运用当地的剪纸符号、传统彩绘图案装饰在雕塑的局部或表面某些部位，整个雕塑一简一繁，一明一暗，形成了现代的艺术语境和精神气质。《香包》雕塑目前已成为庆阳的形象标志，它是市民精神的视觉呈现，不仅表达了具有地域特色的民间艺术文化，还体现着城市的精神文化，并且起到美化城市环境的作用（图 6-14）。

图6-14 《香包》雕塑

雕塑小品能够对整体景观环境起到锦上添花的作用，如校园里的雕塑，既要反映学校对办学理念的一种追求，也要承载这所学校的文化精神。雕塑的立意和主题只有融入特定的校园文化，才能凸显整个校园景观文化的内涵核心。学习测量、施工、安装等再现师生日常教学场景的雕塑（图 6-15），使整个校园散发出文化学习的气息，唤起人们的思考，成为校园历史记忆的载体，反映学生的奋斗历程。

图6-15　江苏建院雕塑景观小品设计

九、花架

花架在现代景观中主要起到划分空间、组织游览、点景等作用，与传统园林亭、廊类似，常与藤本植物（如蔷薇、紫藤、葡萄等）组合造景。

设计花架造型首先要了解它的结构，花架结构为梁架式，花架下面是立柱，沿着柱子排列的纵向布置梁，在两排柱子梁上垂直于柱列方向架设间距较小的椽条，两端向外挑出悬臂，挑出部分的长度和端部造型根据具体设计风格而定（如形似雀替造型、斗拱造型、祥云造型等）。为了结构稳定和形式美观，柱间一般设计花格、挂落、雀替、斗拱等构件，除此之外，还要注重柱子、坐凳材料的质感与形式选择，并且在整体尺度上把握好比例关系（图 6-16）。

花架

唐代雕花的造型与现代造景手法相结合，为市民提供一个相对舒适的休憩场所。

图6-16　西安曲江遗址公园景观花架设计方案

十、 亭桥

亭与桥结合主要是满足游憩的需要。《园冶》中提到："亭者停也，所以停憩游行也"，可见，亭桥具有"停"与"行"的功能，形成极富特色的外部造型和重要的景观地标。唐代韩愈在《方桥》中以"非阁复非船，可居兼可过。君欲问方桥，方桥如此作"来描述桥上建亭的情景，可见它主要是为了遮风挡雨、供人休息的，后来变为造型目的，给人以"飞阁流丹，下临无地"的感觉，用亭作为点缀起到了打破单调、丰富造型的作用。另外，它横跨于水面中形成倒影，"虚""实"相应，别具风韵，引人注目；在划分空间层次、组织观赏上也起着重要作用(兼备功能与艺术上的双重作用)。

南宁市安吉花卉公园景观桥 (图 6-17)，属于亭桥类型，既具有交通作用又有游憩与造景效果，特别是桥洞拱起形成的弧线与四角亭檐向上起翘相呼应，景观层次丰富，远观亭桥倒影在水中，展示出一种静谧的意境。

图6-17 南宁市安吉花卉公园景观桥设计方案

参考文献

[1] 韩冰雪，彭林.礼射初阶［M］.北京：人民体育出版社，2016.

[2] 田永复.中国仿古建筑构造［M］.北京：化学工业出版社，2013.

[3] 赵源.色彩崇尚现象与中国古建筑用色［J］.南方建筑，2004（03）：12-13.

[4] 萧默.建筑意［M］.北京：清华大学出版社，2006.

[5] 廖建军.园林景观设计基础［M］.湖南：湖南大学出版社，2011.

[6] 侯幼彬.中国建筑美学［M］.北京：中国建筑工业出版社，2009.

[7] 计成.园冶［M］.胡天寿，译注.重庆：重庆出版社，2009.

[8] 黄文宪.景观设计教程［M］.南宁：广西美术出版社，2009.

[9] 陈楠.设计思维与方法［M］.武汉：湖北美术出版社，2009.

[10] 毕留举.城市公共环境设施设计［M］.长沙：湖南大学出版社，2010.

[11] 俞昌斌，陈远.源于中国的现代景观设计.材料与细部［M］.北京：机械工业出版社，2010.

[12] 周明玉.景观设计［M］.苏州：苏州大学出版社，2013.

[13] 张绮曼.环境艺术设计与理论［M］.北京：中国建筑工业出版社，1996.

[14] 陈伯超.地域性建筑的理论与实践［M］.北京：中国建筑工业出版社，2007.

[15] 谭晖.城市公园景观设计［M］.重庆：西南师范大学出版社，2011.

[16] 刘杨.城市公园规划设计［M］.北京：化学工业出版社，2010.

[17] 成玉宁.园林建筑设计［M］.北京：中国农业出版社，2009：312，410.

[18] 李先逵.干栏式苗居建筑［M］.北京：中国建筑工业出版社，2005.

[19] 唐孝祥.近代岭南建筑美学研究［M］.北京：中国建筑工业出版社，2010.

[20] 李向北.走向地方的城市设计［M］.南京：东南大学出版社，2011：34.

[21] 梁雯.建筑装饰［M］.北京：中国水利水电出版社，2010.

[22] 王育林.地域性建筑［M］.天津：天津大学出版社，2008.

[23] 吴伟.城市特色——历史风貌与滨水景观［M］.上海：同济大学出版社，2008：8-9.

[24] 刘淑婷.中国传统建筑屋顶装饰艺术［M］.北京：机械工业出版社，2008.

[25] 彭一刚.建筑空间组合论［M］.北京：中国建筑工业出版社，2008.

[26] 邢洪涛，黄立营.建筑的艺术表达［M］.南京：东南大学出版社，2020.

[27] 梁思成.中国建筑史［M］.河北：百花文艺出版社，2005.

[28] 徐哲民.园林建筑设计［M］.北京：机械工业出版社，2013.

[29] 黄艺.景观设计概念构思与过程表现［M］.北京：机械工业出版社，2013.

[30] 卢仁，金承藻. 园林建筑设计［M］.北京：中国林业出版社，2010.

[31] 于英丽，邢洪涛. 园林景观手绘效果图表现技法［M］.北京：北京交通大学出版社，2012.

[32] 尹安石.城市休闲绿地景观设计［M］.北京：中国林业出版社，2008.

[33] 马辉.景观建筑设计理念与应用［M］.北京：中国水利水电出版社，2010.

[34] 刘刚田.景观设计方法［M］.北京：机械工业出版社，2010.

[35] 陈楠.设计思维与方法［M］.武汉：湖北美术出版社，2009.

[36] 刘雅培.任鸿飞.景观设计［M］.北京：清华大学出版社，2016.

附录　射艺场建筑 CAD 图纸

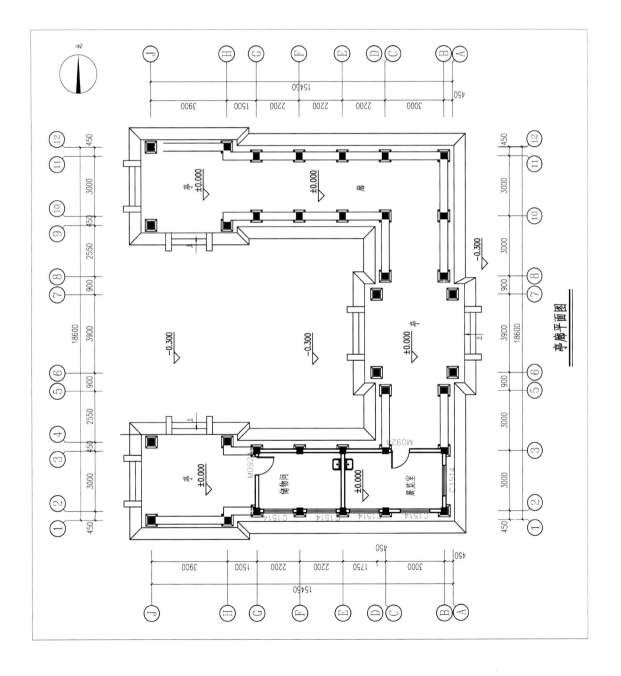

亭廊平面图

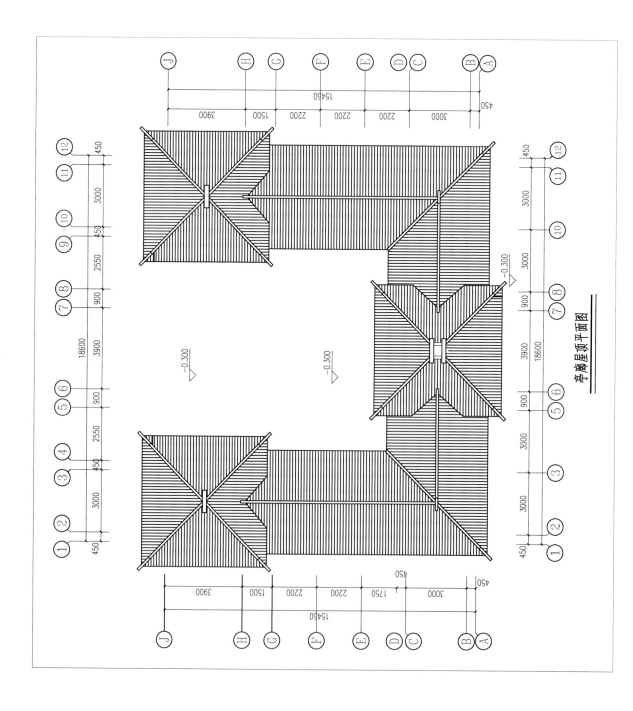

亭廊屋顶平面图

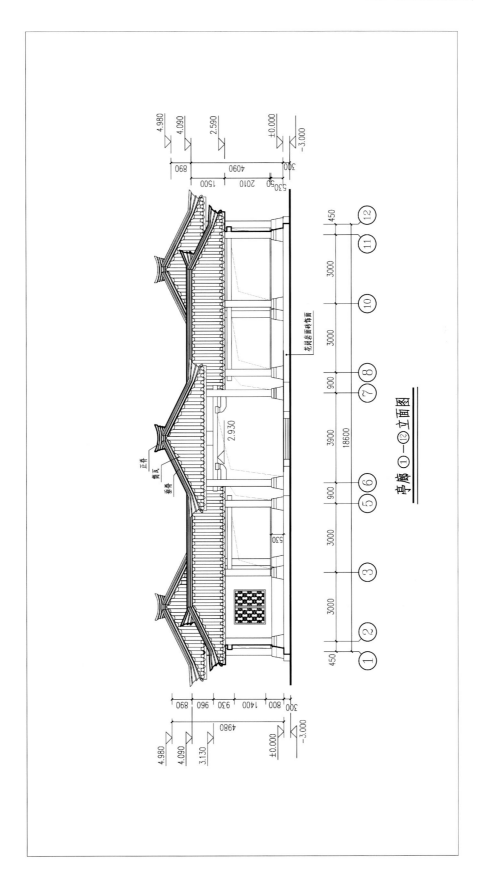

亭廊 ①—⑫ 立面图

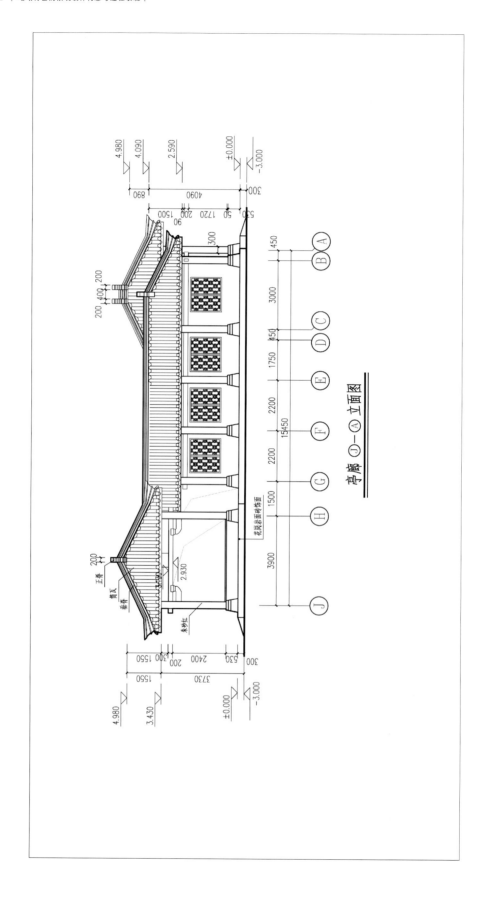

亭廊 Ⓙ—Ⓐ 立面图

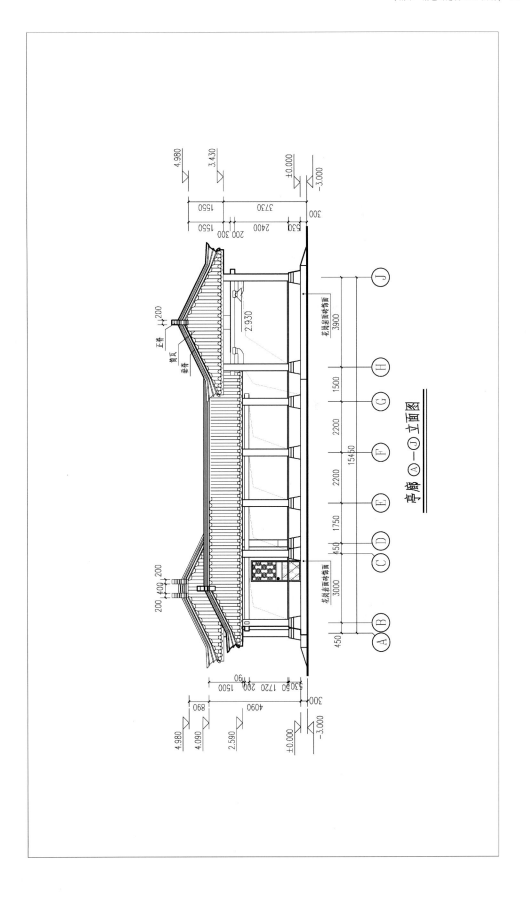

亭廊 Ⓐ—Ⓙ 立面图

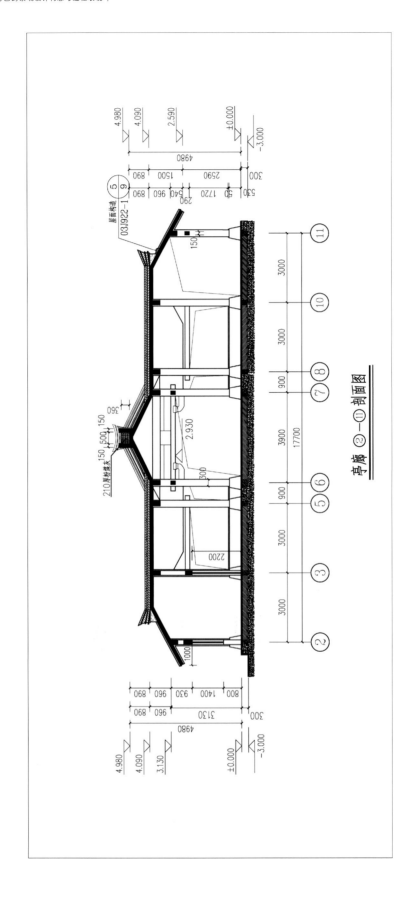

亭廊 ②—⑪ 剖面图

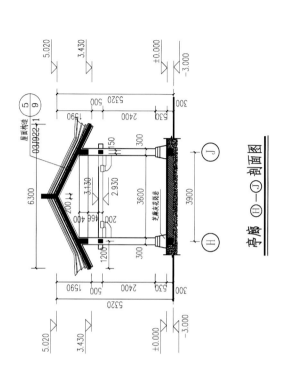

亭廊 ⑪—⑪ 剖面图

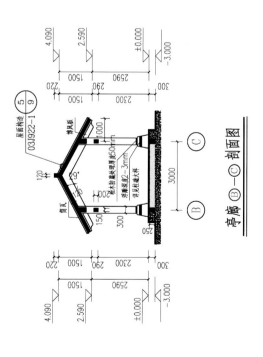

亭廊 ⑧—⑥ 剖面图

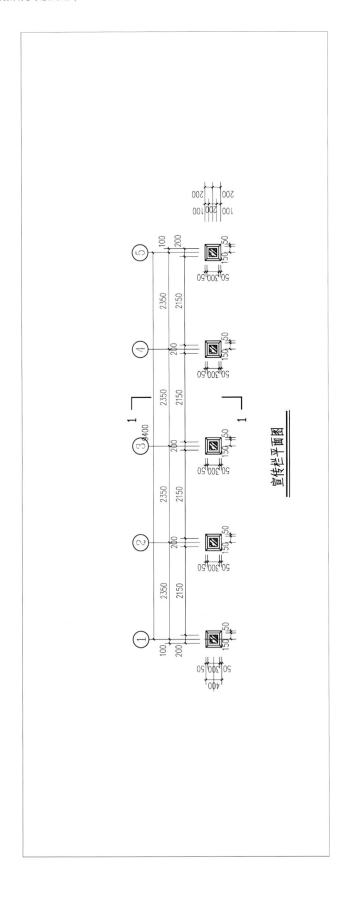

宣传栏平面图

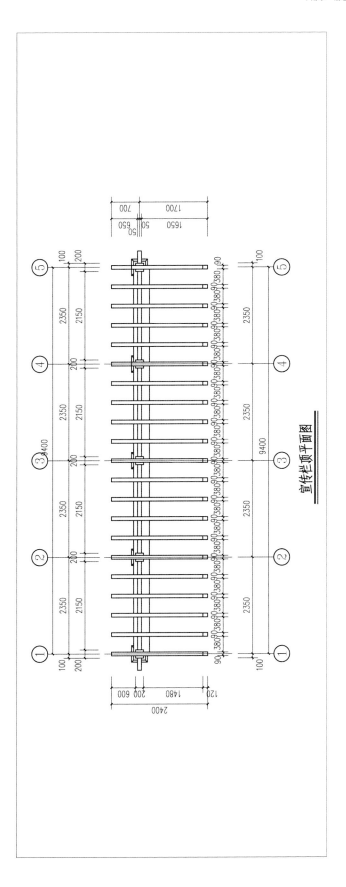

宣传栏顶平面图

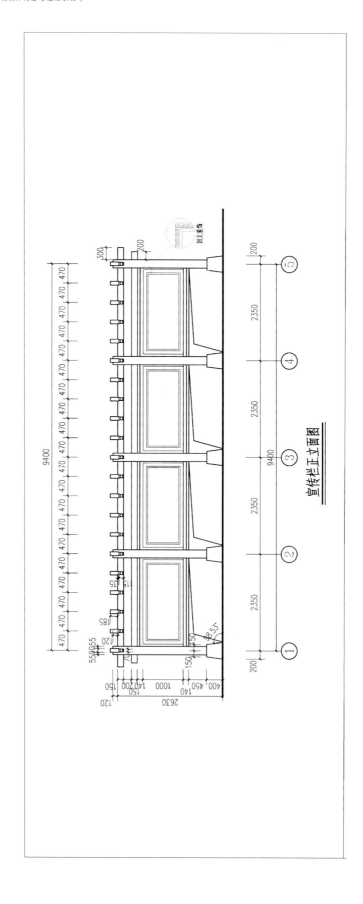

宣传栏正立面图

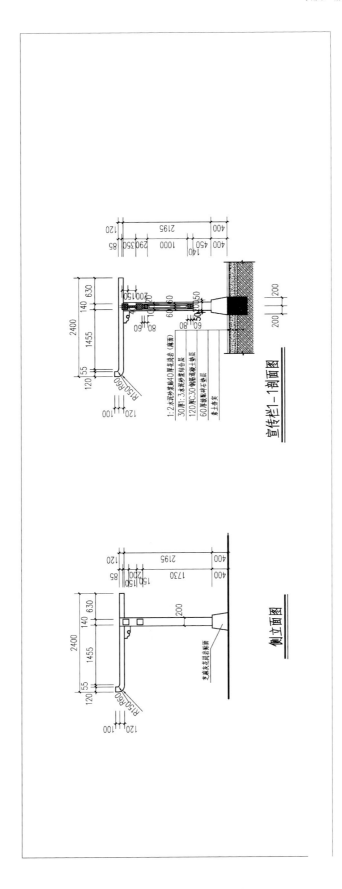

照壁正立面图

照壁平面图

照壁屋顶平面图

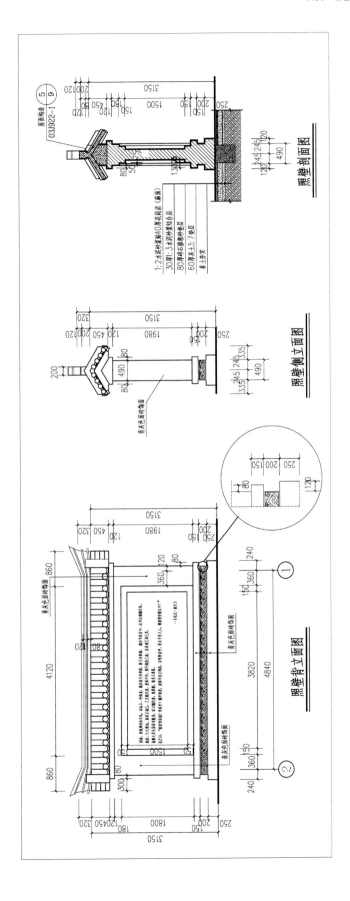

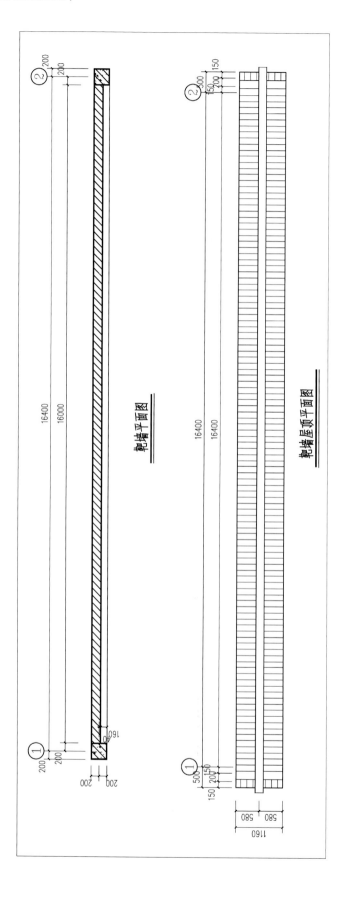

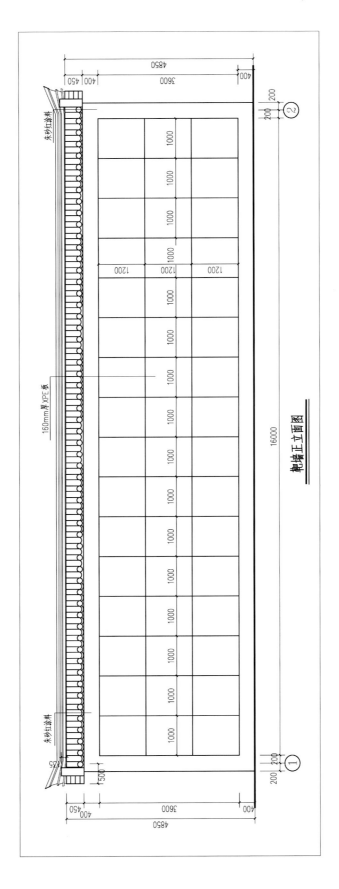

靶墙正立面图

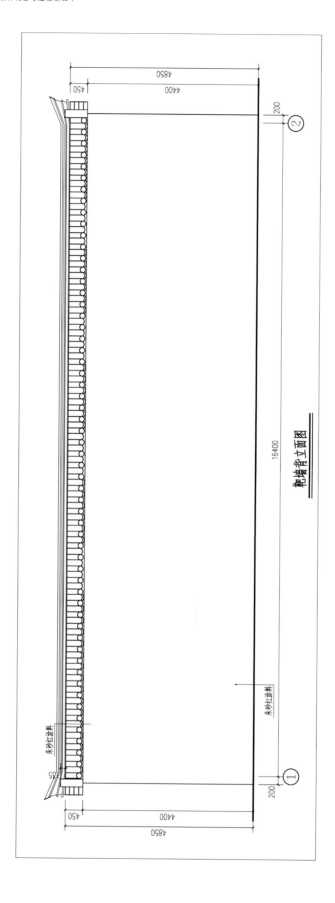

靴墙背立面图

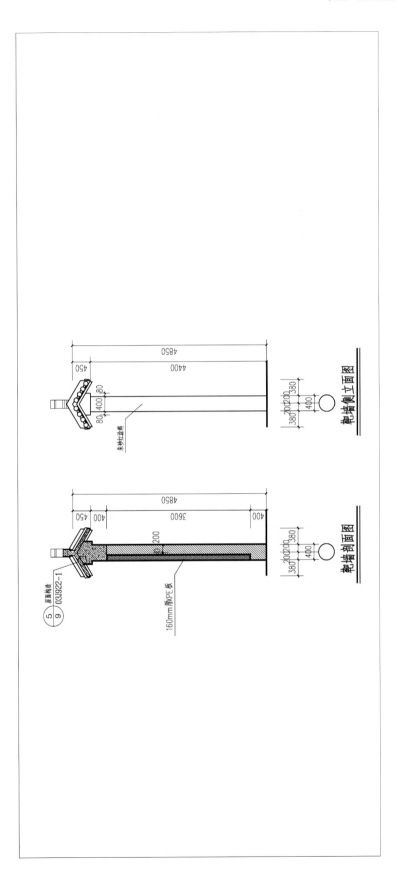

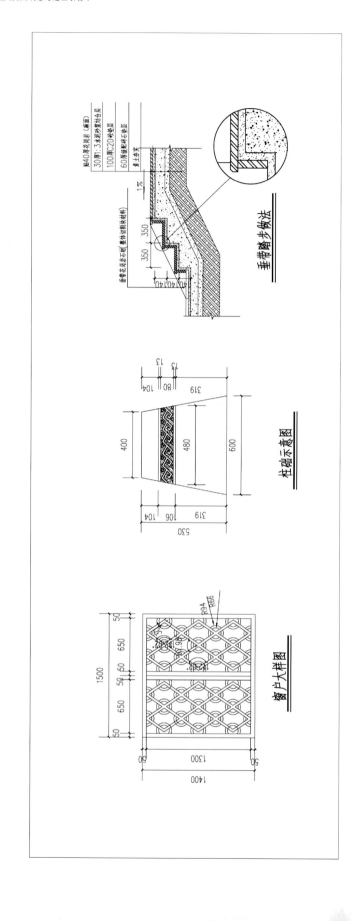